Die Strichprobe der Edelmetalle

Von

Dr.-Ing. **Karl Hradecky**
Oberbergrat

Mit 12 Abbildungen

Springer-Verlag Wien GmbH
1930

ISBN 978-3-7091-2225-9   ISBN 978-3-7091-2237-2 (eBook)
DOI 10.1007/978-3-7091-2237-2

Vorwort.

In den letzten Jahrzehnten gelangten in der Schmuckwarenindustrie einige Edelmetalle und Edelmetallegierungen zur Verarbeitung, welche früher nicht verwendet wurden, wie Platin
und Palladium, oder damals überhaupt noch nicht bekannt waren,
wie die Weißgoldlegierungen der verschiedensten Art.

Da die aus diesen Edelmetallen bzw. Legierungen verfertigten
Gegenstände sowohl bei eventueller Belehnung als Pfandobjekt,
wie auch bei allfälligem Verkaufe als Einlösematerial gleich den
Gold- und Silberwaren meistens mit Hilfe der Strichprobe auf ihre
Echtheit bzw. ihren Edelmetallgehalt geprüft werden, wurde die
früher nur auf das Probieren von Gold- und Silberlegierungen beschränkt gewesene Strichprobe auch auf die Untersuchung dieser
neuen Edelmetalle und Legierungen ausgedehnt.

Die Strichprobe bildet einen Teil der Edelmetallprobierkunde
und ist infolge der Einfachheit und Raschheit ihrer Ausführung
zur Prüfung von Edelmetallwaren jeder Art unentbehrlich; sie
gestattet die Untersuchung derselben in beliebiger Form, vom
Rohmaterial bis zur feinsten Juwelenware, ohne wesentliche
Beschädigung, ohne erheblichen Materialverbrauch, mit den einfachsten Hilfsmitteln, im Verlaufe von einigen Minuten. Meist
ermöglicht sie außer der Erkennung des in einer Legierung enthaltenen Edelmetalles auch die annähernde Ermittlung der vorhandenen Menge desselben.

Die Strichprobe ist besonders in jenen Fällen von Wert, wo
die kleine Menge oder der geringe Wert der vorhandenen Legierung
die Ausführung einer genauen Probe (als Feuerprobe oder auf
chemisch-analytischem Wege) nicht lohnend erscheinen läßt oder
die Möglichkeit der raschen Erlangung einer solchen nicht besteht.

Die Strichprobe ist ferner bei Mitnahme der wenigen erforderlichen Hilfsmittel überall, z. B. auch auf Reisen ausführbar.

Die Ergebnisse der Strichprobe werden ungeachtet ihrer rela-
tiven Ungenauigkeit bisher von keiner anderen Untersuchungs-
methode unter denselben Verhältnissen erreicht.

Wien, im September 1930.

Der Verfasser.

Inhaltsverzeichnis.

I. Allgemeiner Teil.

Das Streichen von Legierungen.

Die Strichprobe dient einerseits zur Erkennung von Edelmetallen und deren Legierungen, andererseits zur annähernden Ermittlung der Menge des in einer Legierung enthaltenen Edelmetalles, also zur ungefähren Bestimmung des Feingehaltes der betreffenden Legierung.

Zur Untersuchung wird in beiden Fällen der sogenannte S t r i c h des Edelmetalles oder der Legierung benützt, welcher dieser rein empirischen Probe auch den Namen gegeben hat.

Der Strich ist eine äußerst dünne Schichte des zu untersuchenden Materiales, welche durch kräftiges Streichen desselben auf einem schwarzen, harten, säurefesten Stein, dem Probierstein, erzeugt wird. Man zieht mit dem Metall oder der Legierung auf der ebenen, schwach eingefetteten Oberfläche des Steines solange unter starkem Aufdrücken ungefähr 3 cm lange Linien, die sich gleichmäßig und vollständig aneinanderschließen, bis eine etwa $^1/_2$ cm breite Fläche des Steines von denselben derart bedeckt ist, daß eine geschlossene metallische Fläche am Stein entstanden und die schwarze Farbe des Steines an keiner Stelle derselben sichtbar ist (Abb. 1). Die Menge, welche beim Streichen von einem Metall oder einer Legierung abgerieben wird, ist sehr gering und beträgt bei einem großen, breiten, kräftig geführten Strich durchschnittlich ungefähr 0,0005 g.

Die sorgfältige Ausführung der Striche ist für Feingehaltsbestimmungen von Legierungen Hauptbedingung, während zur Erkennung von Edelmetallen auch kleinere nachlässig erzeugte Striche genügen.

Der Nachweis der einzelnen Edelmetalle erfolgt durch Behandlung der Striche der Edelmetalle oder Legierungen mit den entsprechenden Probierflüssigkeiten, die in sehr verschiedener Weise auf die Striche einwirken und dadurch die Charakterisierung der Edelmetalle bewirken; da hierbei auch Legierungen mit edelmetallähnlichem Aussehen, welche nur aus unedlen Metallen bestehen, als unecht erkannt werden, ergibt die Strichprobe auch die Unterscheidung der echten von den unechten Legierungen. Nähere Angaben hierüber enthalten die betreffenden weiteren Abschnitte.

Die Ermittlung des Feingehaltes der farbigen Goldlegierungen (Weißgoldlegierungen ausgenommen) mittels der Strichprobe beruht auf der Möglichkeit, nach der Farbe dieser Legierungen gleich oder ähnlich gefärbte Legierungen von bekannter Zusammensetzung (die sogenannten Probiernadeln) zu ermitteln und dadurch

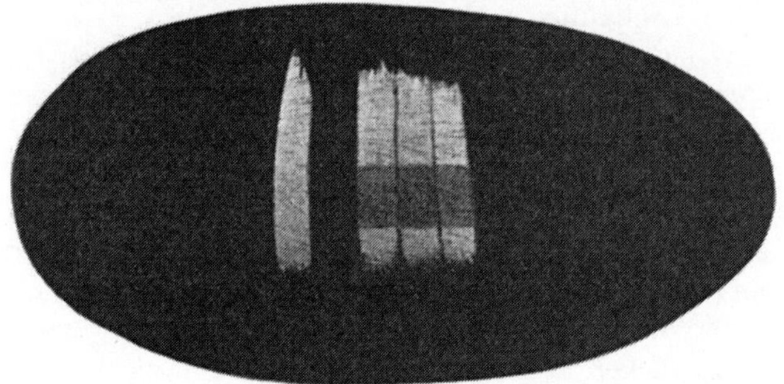

Abb. 1. ²/₃ nat. Größe.

annähernd auf den Goldgehalt der untersuchten Legierungen schließen zu können, und weiters auf dem Umstande, daß auf gleich zusammengesetzte Legierungen manche Säuren oder Säurengemische (die Probiersäuren) in gleicher, auf verschieden zusammengesetzte Legierungen in verschiedener Weise einwirken.

Bei Strichen von Legierungen mit verschiedenen Gehalten eines Edelmetalles werden allgemein stets die Striche der Legierungen mit den geringeren Edelmetallgehalten früher und stärker von den entsprechenden Probierflüssigkeiten angegriffen als die Striche der Legierungen mit größeren Edelmetallgehalten. Die verschieden starken Angriffe der Striche unterscheiden sich deutlich und scharf durch ihre verschieden dunklen Färbungen; je niedriger der Edelmetallgehalt, desto dunkler gefärbt ist der angegriffene Teil des Striches der Legierung.

Als Beispiel der Durchführung einer Edelmetallstrichprobe sei die Feingehaltsermittlung der farbigen Goldlegierungen angeführt, welche in folgender Weise geschieht:

Man erzeugt mit der zu prüfenden Legierung in der angegebenen Weise einen sorgfältigen Strich am Steine, sucht sodann unter den vorhandenen Vergleichslegierungen (Nadeln) jene heraus, deren Strich in der Farbe am besten zum Striche der Legierung paßt und streicht sie hierauf in gleicher Weise zu beiden Seiten des letzteren (Abb. 1). Nach dem bekannten Goldgehalte der benützten Nadel wendet man jetzt noch die demselben entsprechende Probiersäure an, indem man von dieser mittels des Stiftstöpsels des zur Aufbewahrung der Säure dienenden Fläschchens soviel Säure möglichst auf einmal quer über die drei Striche bringt, daß ein etwa $^1/_2$ Zentimeter breiter Streifen derselben von der Säure gleichmäßig bedeckt ist, und beobachtet die Einwirkung der Säure auf die Striche.

Man wartet, bis die Probiersäure alle drei Striche deutlich angegriffen hat. Wird der Strich der Legierung stärker angegriffen als die zwei Striche der Nadel, so ist der Goldgehalt der Legierung geringer als jener der Nadel; wird er weniger angegriffen, so ist der Goldgehalt höher, und bei ganz gleichem Angriff aller drei Striche ist der Goldgehalt der Legierung und der Nadel annähernd gleich.

Nach erfolgter Einwirkung der Säure saugt man diese mit einem mehrfach zusammengelegten Filtrierpapier ab; zeigt sich ein Unterschied im Angriffe der drei Striche, so tut man dies in jenem Augenblick, in welchem sich der Unterschied am deutlichsten zeigt. Werden die Striche der verwendeten Probiernadel von der Probiersäure stärker oder schwächer angegriffen als der Strich der zu prüfenden Legierung, so wiederholt man mit Probiernadeln von geringerem oder höherem Goldgehalte den Vorgang solange, bis die Striche der Nadel und der Legierung möglichst gleich stark angegriffen werden; der bekannte Goldgehalt der Nadel ist dann annähernd derselbe wie jener der Legierung und zeigt daher auch diesen an.

In analoger Weise wird auch die Strichprobe der Silberlegierungen ausgeführt, während für die Prüfung von Weißgold- und Platinlegierungen hauptsächlich nur das Verhalten der Striche zu den Probiersäuren in Frage kommt.

Die Farbe des Striches einer Legierung ist für die Auswahl jener Probiernadel ausschlaggebend, die bei der Strichprobe angewendet werden soll, und somit von großer Wichtigkeit; um aber die wirkliche reine Farbe der Legierung, aus welcher ein Gegenstand besteht, beim Streichen am Stein zu erhalten, muß man daher stets an jener Stelle des Gegenstandes, welche gestrichen werden soll, vor der Ausführung des Striches sorgfältig und gründlich alle eventuell vorhandenen metallischen Überzüge und sonstige Veränderungen der Oberfläche der Legierung durch Abstreichen, Schaben oder Feilen entfernen.

Von metallischen Überzügen wären Vergoldungen, Versilberungen, Verplatinierungen, Niederschläge von Palladium, Verchromungen (bei Silberwaren), Doublierungen, Auflagen, Plattierungen usw. zu erwähnen; da diese Überzüge sowohl auf Gegenständen aus Edelmetallegierungen, wie auch auf solchen aus unedlen Metallen erzeugt werden, ist stets Vorsicht und gründliche Untersuchung geboten.

Als sonstige Veränderungen der Oberflächen von Schmuckgegenständen wären Oxydierungen und Färbungen anzuführen, und besonders das sogenannte Färben und Weißsieden von Gold- bzw. Silberlegierungen, welche Verfahren die Oberflächen derselben erheblich reicher an Feingold bzw. Feinsilber machen, als die innere Grundlegierung enthält.

Näheres über die in verschiedenen Fällen anzuwendenden Probiernadeln und -säuren enthalten die weiteren diesbezüglichen Abschnitte.

Die Anwendbarkeit der Strichprobe zur Untersuchung von Metallen und Legierungen ist von der Streichbarkeit derselben abhängig, welche durch die Härte bedingt wird. Sehr weiche Materialien lassen sich am Steine nicht streichen, z. B. Feingold und Goldlegierungen mit mehr als ungefähr 920 Tausendteilen Gold, da sich dieselben beim Streichen schmieren, und sehr harte Legierungen oder Metalle sind am Probierstein ebenfalls nicht untersuchbar, da sie denselben ritzen; zu den letzteren gehören außer einer Anzahl unedler Metalle und Legierungen auch einige extraharte Weißgoldlegierungen, welche für Nadelstiele, Scharniere usw. verwendet werden, sowie Platinlegierungen mit größeren Gehalten mancher Platinmetalle, z. B. Iridium. Auch Verchromungen sind infolge ihrer großen Härte nicht streichbar.

Das stets gleichmäßige Streichen von Probiernadeln und Gegenständen verschiedener Größe, Härte und Form erfordert eine Handfertigkeit, welche nur durch längere Übung erlangt wird.

Mit Waren, welche aus Legierungen in Form von dünnen zarten Drähten hergestellt sind, wie z. B. Filigranarbeiten, Taschennetze, Geflechte, feine Ketten usw., welche überdies meist noch gefärbt oder weißgesotten sind, läßt sich überhaupt kein ordentlicher starker Strich erzielen und kann der Edelmetallgehalt derartiger Materialien durch die Strichprobe nur roh geschätzt werden. Dasselbe ist bei Geräten der Fall, welche viele Lotstellen besitzen, da diese mitgestrichen werden und das Ergebnis der Strichprobe entsprechend ungünstig beeinflussen. In solchen Fällen ist eine genauere Feingehaltsbestimmung erst nach dem Einschmelzen dieser Waren möglich.

Lotstellen können durch schwaches Glühen erkenntlich gemacht werden, bei Goldgegenständen auch durch Betupfen mit konzentrierter Salpetersäure, sofern eine solche Behandlung anwendbar ist.

Bei der Ausführung von Edelmetallstrichproben sind, insbesonders wenn man bei Feingehaltsermittlungen möglichst annähernde Ergebnisse erzielen will, allgemein noch folgende Umstände zu berücksichtigen:

Der Probierstein muß vollkommen horizontal liegen; jener Teil eines Striches, auf welchem sich infolge der schiefen Lage des Steines mehr Säure ansammelt, wird schneller und stärker von derselben angegriffen und es ergibt sich ein ungleichmäßiger unbrauchbarer Angriff des Striches. Dasselbe ist der Fall, wenn die Striche selbst verschieden stark und nachlässig ausgeführt werden oder ein verstaubter ungereinigter Stein verwendet wird; ist ein Stein zu stark eingefettet, so ist kein fester Strich auf demselben möglich, und die Säure greift überhaupt nicht an oder erzeugt fleckige Angriffe.

Besitzt ein Stein merkliche Strukturstreifen, so sind gute brauchbare Striche auf demselben nur erzielbar, wenn man in der Richtung dieser Streifen streicht, nicht senkrecht auf dieselben.

Scharfe Spitzen und Kanten von Gegenständen sind beim Streichen möglichst zu vermeiden, da sie die Oberflächen der Steine häufig leicht ritzen und aufgelockerte Striche ergeben, die den Säureangriff schlechter erscheinen lassen.

Um eventuell gestrichene unsichtbare Lotstellen zu erkennen, streiche man die zu untersuchenden Materialien an mehreren Stellen.

Zur Beobachtung und Feststellung von kleinen Unterschieden in den Farben der Striche von Nadeln und Gegenständen, wie auch bei den Säureangriffen auf den Strichen muß man eine hinreichend große Fläche, ein entsprechend großes Sehfeld zur Beurteilung besitzen, und sollen daher alle Striche breit gemacht und auch die Probiersäuren in genügender Menge breit auf die Striche gebracht werden.

Man verwende nur Säuren, die nicht zu schnell und zu stark auf die Striche einwirken, weil sonst kleine Unterschiede im Säureangriff nicht feststellbar sind; es empfiehlt sich, stets jede Probiersäure einmal schwach und einmal stark die Striche angreifen zu lassen und das Verhalten derselben hierbei zu beobachten.

Bei künstlichem Licht sind bei den metallisch glänzenden Strichen Farbenunterschiede schwer oder nicht bemerkbar, und es ist hauptsächlich nur die verschiedene Stärke der Säureangriffe beobachtbar; das Streichen bei künstlichem Licht ist daher nach Möglichkeit zu vermeiden.

Die Genauigkeit der Strichproben.

Die Strichproben ergeben im allgemeinen nur annähernde Ergebnisse, wie dies bei der Einfachheit ihrer Durchführung nicht anders erwartet werden kann. Die Genauigkeit derselben ist in verschiedenen Fällen jedoch so sehr verschieden, hängt von so vielen Umständen ab, daß sie nicht zahlenmäßig angegeben werden kann.

Auf die Genauigkeit der Strichproben sind, wie in den weiteren bezüglichen Abschnitten näher angeführt, von mehr oder weniger großem Einfluß:

Die Qualität des benutzten Probiersteines, die Anzahl und Zusammensetzung der zur Verfügung stehenden Vergleichsnadeln, die Wirkungsweise der verwendeten Probiersäuren, die Sorgfalt der Ausführung der Striche, die Übung und Erfahrung des Prüfers, die Form und der Feingehalt der zur Untersuchung gelangenden Edelmetallegierungen, die Art und Mengen der beilegierten edlen oder unedlen Metalle, wie auch die Möglichkeit, nach der Farbe der Legierungen Prüfnadeln aussuchen und anwenden zu können.

Bei den Hilfsmitteln der Strichprobe, wie Stein, Nadeln, Säuren, sowie bei der Sorgfalt der Ausführung der Strichprobe kann der Probierer günstige Vorbedingungen für dieselbe schaffen.

Auf die Einwirkung aller weiteren vorhin angeführten, ebenfalls sehr wichtigen Umstände auf die Genauigkeit der Strichproben hat jedoch der Probierer bei der Untersuchung unbekannter Edelmetallegierungen keinen Einfluß.

Die besten Ergebnisse liefert die Strichprobe bei den farbigen, nur aus Gold, Silber und Kupfer bestehenden Goldlegierungen innerhalb der Goldgehalte von ungefähr 500—700 Tausendteilen; bei Anwendung entsprechender Nadeln und Säuren sind auf guten Steinen hierbei noch Unterschiede von etwa fünf Tausendteilen in den Goldgehalten zweier sonst gleich zusammengesetzter Legierungen deutlich unterscheidbar.

Die nur aus Silber und Kupfer bestehenden Silberlegierungen ergeben bei sorgfältiger Ausführung der Strichprobe mit allen Behelfen ebenfalls günstige Resultate, da bei den Strichen von Legierungen mit über ungefähr 600 Tausendteilen Silbergehalt durchschnittlich Unterschiede bis zu ungefähr 10—20 Tausendteilen in den Silbergehalten derselben noch erkennbar sind.

Bei allen jenen Fällen jedoch, in welchen für die Durchführung der Strichproben ungünstige Umstände vorliegen, insbesonders jene, in welchen entweder bei Anwendung von Probiernadeln die Zusammensetzung der Beilegierung der unbekannten Legierung erheblich von jener der benutzten Nadel abweicht, ohne daß dies bemerkbar ist, oder in jenen Fällen, in welchen überhaupt keine Nadel nach der Farbe der Legierung auswählbar ist (wie bei den Weißgold- und Platinlegierungen), kann durchschnittlich nur eine erheblich geringere Genauigkeit der Ergebnisse der Strichproben erreicht werden, welcher Umstand besonders bei der Einlösung für die eventuelle Bewertung von Edelmetallegierungen nur nach der Strichprobe allein wichtig ist. Man kann ja auch in jenen Fällen, in welchen keine Nadeln nach der Farbe der Legierungen aussuchbar sind, durch zufällige Verwendung von in der Beilegierung ähnlicher Nadeln brauchbare annähernde Resultate erhalten, aber ohne daß man dies sicher weiß und daher auch nicht mit einer bestimmten Genauigkeit rechnen kann. In den meisten Fällen der Praxis erzielt man die früher erwähnten Genauigkeitsgrade mit der Strichprobe bei der Untersuchung von beliebigen unbekannten Legierungen nicht; die bei der Prüfung der vorwiegend im Schmuckgewerbe verarbeiteten Silber- und farbigen Goldlegierungen des Handels durchschnittlich erreichbare

Genauigkeit kann ungefähr zu 20—30 Tausendteilen geschätzt werden, kann aber auch erheblich geringer oder größer sein.

Bezüglich des Einflusses von Übung und Erfahrung auf die Ergebnisse der Strichproben sei das bekannte Urteil von Bruno Kerl, dem Altmeister der Probierkunst, hierüber wiedergegeben:

„Das Probieren mit Stein und Nadeln ist für jeden, der eine gewisse Fertigkeit darin erlangt hat und dessen Auge durch Übung an die scharfe Beurteilung der oft nur wenig voneinander variierenden Farbentöne gewöhnt ist, eine große Erleichterung; in den Händen von Ungeübten haben die Nadeln indessen geringen Wert und solchen Bestimmungen ist dann wenig Vertrauen zu schenken."

Feingehaltsbezeichnungen.

Der Edelmetallgehalt von Legierungen wird seit längerer Zeit allgemein in Tausendteilen angegeben, d. h. man gibt an, wieviel Teile des Edelmetalles in 1000 Gewichtsteilen der betreffenden Legierung enthalten sind. Reines Edelmetall, z. B. Feingold, enthält nach dieser Bezeichnungsweise 1000 Tausendteile Edelmetall, ist 1000 Tausendteile „fein".

Früher wurde der Goldgehalt einer Legierung in Karaten und der Silbergehalt von Silberlegierungen in Loten ausgedrückt. Bei der Karatbezeichnung wurde das Feingold als 24 Karat fein angenommen, demnach ist, da Feingold 1000 Tausendteile fein ist, ein Karat gleich $\frac{1000}{24} = 41{,}66$ Tausendteile. Die hauptsächlich zur Herstellung von Schmuckwaren verwendeten Goldlegierungen sind 8-, 14- und 18-karätig, also umgerechnet $41{,}66 \times 8 = 333{,}33$, $41{,}66 \times 14 = 583{,}33$ und $41{,}66 \times 18 = 750$ Tausendteile fein.

Bei der Angabe des Silbergehaltes in Loten wurde Feinsilber als 16 Lot fein, 16lötig, bezeichnet, woraus sich ein Lot, ähnlich wie bei der Karatberechnung, zu $\frac{1000}{16} = 62{,}5$ Tausendteilen ergibt. 12lötiges Silber enthält z. B. $62{,}5 \times 12 = 750$ Tausendteile Silber.

Im Edelmetallwarenhandel ist neben der Bezeichnung der Goldfeingehalte von Legierungen in Tausendteilen auch jene in Karaten noch allgemein üblich. Die Angabe von Silbergehalten in Loten ist jedoch bereits fast vollständig verschwunden und findet sich nur mehr auf Silbergeräten älterer Erzeugung. Zur Ersparung etwaiger Umrechnungen enthalten die Tabellen auf S. 9 die Angaben aller Karate und Lote in Tausendteilen ausgedrückt.

Von anderen häufig vorkommenden Feingehaltsbezeichnungen seien noch folgende erwähnt:

Der englische Silberfeingehalt von 925 Tausendteilen trägt den Namen sterling-silver, während coin-silver den amerikanischen Silberfeingehalt von 900 Tausendteilen bedeutet. Die russischen

Vergleichstabelle von Karaten und Tausendteilen.

1 Karat	=	41,66 Tausendteile	13 Karat	=	541,66 Tausendteile
2 ,,	=	83,33 ,, ,,	14 ,,	=	583,33 ,, ,,
3 ,,	=	125 ,, ,,	15 ,,	=	625 ,, ,,
4 ,,	=	166,66 ,, ,,	16 ,,	=	666,66 ,, ,,
5 ,,	=	208,33 ,, ,,	17 ,,	=	708,33 ,, ,,
6 ,,	=	250 ,, ,,	18 ,,	=	750 ,, ,,
7 ,,	=	291,66 ,, ,,	19 ,,	=	791,66 ,, ,,
8 ,,	=	333,33 ,, ,,	20 ,,	=	833,33 ,, ,,
9 ,,	=	375 ,, ,,	21 ,,	=	875 ,, ,,
10 ,,	=	416,66 ,, ,,	22 ,,	=	916,66 ,, ,,
11 ,,	=	458,33 ,, ,,	23 ,,	=	958,33 ,, ,,
12 ,,	=	500 ,, ,,	24 ,,	=	1000 ,, ,,

Vergleichstabelle von Loten und Tausendteilen.

1 Lot	=	62,5 Tausendteile	9 Lot	=	562,5 Tausendteile
2 ,,	=	125 ,, ,,	10 ,,	=	625 ,, ,,
3 ,,	=	187,5 ,, ,,	11 ,,	=	687,5 ,, ,,
4 ,,	=	250 ,, ,,	12 ,,	=	750 ,, ,,
5 ,,	=	312,5 ,, ,,	13 ,,	=	812,5 ,, ,,
6 ,,	=	375 ,, ,,	14 ,,	=	875 ,, ,,
7 ,,	=	437,5 ,, ,,	15 ,,	=	937,5 ,, ,,
8 ,,	=	500 ,, ,,	16 ,,	=	1000 ,, ,,

Vergleichstabelle von Solotnik und Tausendteilen.

Goldfeingehalte.			Silberfeingehalte.		
56 Solotnik	=	583,33 Tausendteile	84 Solotnik	=	875 Tausendteile
72 ,,	=	750 ,, ,,	88 ,,	=	916,66 ,, ,,
82 ,,	=	854,16 ,, ,,	91 ,,	=	947,91 ,, ,,
92 ,,	=	958,33 ,, ,,			

Feingehaltsangaben von Gold- und Silbergeräten sind in Solotnik ausgedrückt, wobei das reine Edelmetall (Feingold oder Feinsilber) zu 96 Solotnik angenommen wird. Ein Solotnik ergibt sich umgerechnet zu $\frac{1000}{96} = 10{,}41$ Tausendteile. Die öfter im Handel auf russischen Gold- und Silberwaren anzutreffenden Feingehaltsangaben in Solotnik sind auf S. 9 ebenfalls in Tausendteilen umgerechnet wiedergegeben.

Die in vielen Fällen auf Schmuckgeräten befindlichen Bezeichnungen (eingeschlagene Zahlen, Worte oder Figuren) ergeben stets einen Anhaltspunkt zur Beurteilung derselben; es empfiehlt sich daher, vor der Prüfung eines Gegenstandes immer auch auf eventuell vorhandene Bezeichnungen zu achten. Abbildungen der Feingehaltsstempel der wichtigsten Staaten der Erde enthält das 1927 erschienene Werk von Dr. T. A. Baur, „Die Feingehaltsund Punzierungsvorschriften für Edelmetalle". Leipzig, Verlag W. Diebener.

Die Hilfsmittel der Strichprobe.

Die zur Durchführung von Edelmetallstrichproben erforderlichen Hilfsmittel sind:

ein Probierstein,

eine entsprechende Anzahl von

Probiernadeln und

Probiersäuren.

Der Probierstein.

Der Probierstein ist ein Kieselschiefer (dichter Quarz) von schwarzer Farbe; er wird auch Lydit genannt und im Handel häufig kurzweg nur als Schwarzstein bezeichnet. Er kommt in verschiedenen Qualitäten vor. Die besten Steine sind vollkommen gleichmäßig tiefschwarz gefärbt, ohne lichte Adern oder Flecken, sehr feinkörnig, keine Strukturstreifen aufweisend und säurefest. Die stärksten, aus konzentrierten Säuren bestehenden Probierflüssigkeiten sollen auch bei längerer Einwirkung am Stein keine Flecken hinterlassen oder gar ein Aufbrausen des Steines bewirken. Es gibt Steine, bei welchen z. B. die farblose Prüfsäure für 18-karätige Goldlegierungen nach kurzer Zeit so viel Eisen herauslöst, daß sie dadurch deutlich grünlich gefärbt wird.

Um als gute Probiersteine zu gelten, müssen die Steine auch empfindlich sein, d. h. es müssen mit den entsprechenden Probiersäuren bei sorgfältiger Ausführung der Strichprobe kleine Unterschiede in den Edelmetallgehalten von Legierungen noch sicher und deutlich wahrnehmbar sein, z. B. 5 Tausendteile bei sonst gleich zusammengesetzten 14karätigen Goldlegierungen. Dies stellt man durch eine Strichprobe mit entsprechenden Legierungen fest, z. B. unter Verwendung von zwei Legierungen mit 580 bzw. 585 Tausendteilen Goldgehalt, aber auch dieselben Beilegierungsmetalle in den gleichen Mengenverhältnissen enthaltend, wie z. B. 580 Tausendteile Gold, 210 Tausendteile Silber und 210 Tausendteile Kupfer, und 585 Tausendteile Gold, 205 Tausendteile Silber und 210 Tausendteile Kupfer.

Ist durch Anwendung einer erprobten langsam einwirkenden Goldprüfsäure auf die Striche dieser Legierungen kein Unterschied zwischen denselben zu bemerken, so ist der Stein für genaue Strichproben unverwendbar.

Brauchbare Probiersteine müssen ferner eine solche Härte besitzen, daß sie beim Streichen harter Legierungen, wie Goldkupfer- oder hochprozentigen Platinlegierungen, nicht geritzt werden.

Die beste Form für den Gebrauch ist die einer eben geschliffenen rechteckigen oder runden Platte, welche auf beiden Seiten benützbar ist; bei gewölbter Oberfläche verteilt sich die auf die Striche gebrachte Probiersäure ungleichmäßig auf denselben oder sie fließt seitlich ab. Bei häufigem Gebrauche wähle man nicht zu kleine Steine, um sie nicht oft von den Strichen reinigen zu müssen. Eine handliche Größe ist z. B. ungefähr 15 : 6 cm. Die Oberfläche der Steine darf nur matt geschliffen, nicht poliert sein, weil sonst kein Strich am Steine haftet.

Zur bloßen Erkennung, zum Nachweis von Edelmetallen genügen auch Steine von minderer Güte. Bei der Durchführung von Strichproben behufs möglichst annähernder Ermittlung der Feingehalte von Edelmetallegierungen ist jedoch ein sehr guter Probierstein von größter Wichtigkeit, eine unerläßliche Hauptbedingung. Es nützen beliebige Probiernadeln und die besten Prüfsäuren, sowie das sorgfältigste Streichen nichts, wenn man nur einen minderwertigen Stein verwendet. Bei Bedarf eines guten Probiersteines erprobe man vor dem Ankauf jedenfalls Härte, Säurefestigkeit und Empfindlichkeit des Steines, und reibe die Oberfläche desselben zuerst gründlich mit Bimsstein ab, um eine mitunter vorhandene Imprägnierung der Oberfläche unschädlich zu machen, welche den Stein von anderer Qualität erscheinen lassen könnte als er wirklich ist.

Die Kieselschiefer sind organischen Ursprunges, aus Überresten pflanzlicher und tierischer Lebewesen der Vorzeit entstanden. Sie besitzen einen

hohen Gehalt an Kieselsäure (durchschnittlich ungefähr 80—90%), welchem
sie ihre Säurefestigkeit verdanken, und enthalten weiters kleine Mengen
von Kohlenstoff, Eisen, Aluminium, Kalzium, Magnesium, Kalium, Na-
trium, Schwefel und Phosphor. In Steinen mancher Fundorte sind auch
Spuren von Lithium und Jod aufgefunden worden. Der Kohlenstoff ist
zum Teil in freiem, nicht chemisch gebundenem, feinverteiltem Zustande
vorhanden und bewirkt die schwarze Färbung des Steines. Im Handel
werden vielfach auch andere schwarze Steinarten als Probiersteine ver-
kauft, die jedoch meistens von schlechterer Qualität sind. Seit längerer
Zeit werden auch künstliche schwarze Probiersteine in den Verkehr gebracht, welche durchschnittlich höchstens die Eigenschaften natürlicher
Steine mittlerer Güte besitzen.

Die sehr guten künstlichen, rotbraunen Probiersteine, welche vor einigen
Jahren im Handel waren, sind derzeit nicht mehr erhältlich.

Über den Mangel an Probiersteinen erster Qualität wird schon seit
mehr als 100 Jahren in der Fachpresse geklagt; ein vorzüglicher Stein,
besonders in einigermaßen handlicher Größe, ist gegenwärtig kaum mehr
im Handel zu finden, obwohl eine größere Anzahl Fundorte von Kieselschiefer (z. B. in Sachsen, Bayern, Thüringen, Böhmen usw.) bekannt ist.

Vor dem Gebrauch eines Steines bringt man auf die von et-
waigem Staub gereinigte Oberfläche desselben einige Tropfen
eines reinen Öles (Mandel-, Oliven- oder Vaselinöl) und verreibt
dieses mit der flachen Hand über den ganzen Stein; schließlich
entfernt man mit einem Leinwandlappen oder mit Filtrierpapier
das Öl wieder so weit, daß nur mehr ein gleichmäßiger schwacher
matter Hauch die Oberfläche des Steines bedeckt. Ungeölte Steine
nehmen nur sehr schwer und unvollkommen die Striche von
Legierungen an, wobei die gestrichenen Gegenstände auch durch
das erforderliche sehr starke Aufdrücken mehr als bei geölten
Steinen abgestrichen werden.

Um bei der Durchführung von Strichproben den Arbeitstisch
zu schonen und dem Steine einen festen Halt zu geben, legt man
ihn auf einen der Form des Steines entsprechend ausgeschnittenen
Holzuntersatz.

Das Reinigen der Probiersteine.

Ist ein Stein mit Strichen bedeckt, so entfernt man dieselben
am besten durch vorsichtiges Abreiben mit einem Schleifmittel.
Meistens verwendet man dazu gleichmäßig feinen Bimsstein in
Stücken, der jedoch den Stein nicht ritzen darf. Man legt den
Stein auf ein Brett, befeuchtet ihn gut mit Wasser und reibt die
Striche mit dem Bimsstein solange ab, bis sie vollständig ver-

schwinden. Der dabei entstehende Schlamm, aus Bimssteinpulver und dem Material der Striche bestehend, wird mit Wasser abgespült, der Stein mit einem Leinwandlappen abgetrocknet und durch Einfetten mit Öl wieder gebrauchsfähig gemacht. Auch gepulverter Bimsstein oder feines Schmirgelpulver werden häufig zur Reinigung der Probiersteine benutzt. Steht zufällig kein Bimsstein zur Verfügung, so gelingt die Reinigung auch durch Abreiben des nassen Steines mit Holzkohle, eventuell auch mit einem Korkstöpsel, letzteres allerdings bedeutend mühevoller.

Die mitunter angegebene Reinigung der Probiersteine mit starker Probiersäure kann aus mehrfachen Gründen für den allgemeinen Gebrauch nicht anempfohlen werden.

Stark geführte Striche von hochprozentigen Gold- und Platinlegierungen lassen sich mit der Probiersäure für 18 karätiges Gold auch bei längerer Einwirkung nicht restlos vom Steine entfernen; noch stärkere Probiersäuren aber zur Reinigung anzuwenden, ist jedoch wegen der hierbei erforderlichen Vorsicht bei der Handhabung und der Entwicklung von Säuredämpfen nicht ratsam. Weiters verträgt die Mehrzahl der Probiersteine eine häufigere andauernde Behandlung mit starker Probiersäure nicht; die Oberfläche vieler Steine wird hierbei mit der Zeit rauh, was die Erzeugung geschlossener Striche beeinträchtigt. Minder säurefeste Stellen der Steine bekommen Flecken; längeres öfteres Liegen in Mischungen von konzentrierten Säuren schadet übrigens auch guten Probiersteinen. Außerdem verursacht dieses Reinigungsverfahren durch den Verbrauch von teuren Säuren erhebliche Kosten und erschwert die eventuelle Rückgewinnung der Edelmetalle.

Zur gelegentlichen Entfernung von in Säuren leicht löslichen oder durch dieselben zersetzbaren Strichen von Gold- und Silberlegierungen ist diese Reinigungsart mitunter ganz gut brauchbar. Man bringt hierbei einige Tropfen der Probiersäure für 18 karätiges Gold auf die Striche am Stein und läßt sie einige Minuten einwirken. Dann verreibt man die Säure gut auf den Strichen mit einem zusammengeballten Blatt Zeitungspapier, bis sich die Striche vom Steine weggelöst haben, und spült schließlich den Stein mit Wasser gründlich ab. Einen Stein in einem Porzellangefäß ganz in Säure einzulegen, erfordert viel Säure und erschwert die Durchführung der Reinigung.

Steine, bei welchen nach langem Gebrauch durch das häufige Einfetten mit eventuell schlechtem Öl dieses in die Poren der Steine eingedrungen ist und, mit Staub gemischt, die Poren verstopft hat, sind für die Strichprobe unbrauchbar; man kann sie durch folgende Behandlung meistens wieder benutzbar machen. Man legt den Stein in ein Porzellangefäß, in welchem sich eine verdünnte Laugenlösung (etwa 10—20 g festes Ätznatron in

1 Liter Wasser gelöst) befindet und läßt ihn über Nacht oder einen Tag in dieser Lösung liegen. Erwärmen beschleunigt die Entfettung. Der Stein wird nach dem Herausnehmen gut mit Wasser abgespült. Statt in Laugenlösung kann man den Stein auch in Benzin einlegen, doch bedingt die Handhabung hierbei wegen der Verdunstung und Feuergefährlichkeit des Benzins mehr Vorsicht und schließt ein Erwärmen aus. Einfaches Abwaschen der Probiersteine mit diesen Entfettungsmitteln genügt meistens nicht, da die Flüssigkeiten tiefer in die Poren der Steine eindringen müssen, um daselbst das eingetrocknete Fett zu lösen und den Staub zu lockern, was eine längere Einwirkungsdauer erfordert.

Bei Probiersteinen, welche jahrelang nicht benutzt worden sind und eine ganz verstaubte Oberfläche besitzen, genügt in der Regel mehrmaliges gründliches Abreiben mit Bimsstein, um sie wieder brauchbar zu machen. Ist die Oberfläche eines Steines durch Ritzen, eingefressene Säureflecken und dergleichen beschädigt worden, so kann manchmal durch öfteres starkes Abschleifen mit Schmirgel oder Bimsstein diesem Übelstande abgeholfen werden; nützt dies nichts, so muß der Stein von einem Steinschleifer frisch abgeschliffen werden.

Bei Untersuchungsanstalten, in welchen stets täglich viele Strichproben durchgeführt werden, besitzt das durch längere Zeit auf die Steine aufgestrichene Edelmetall immerhin einen nicht unerheblichen Wert und wird daher zurückgewonnen.

Zu diesem Zwecke spült man den beim täglichen Reinigen der Steine entstehenden Bimssteinschlamm, den Steinschliff, stets in ein größeres Sammelgefäß aus Ton oder Steingut und gießt nach dem Absetzen des Schlammes das überstehende klare Wasser von Zeit zu Zeit ab. Hat sich nach einem längeren Zeitraum, z. B. einem Jahre, eine größere Menge Schlamm angesammelt, so wird dieser nach dem vollständigen Abgießen des Wassers langsam gut getrocknet und einer Einlösungsanstalt zur Verarbeitung übergeben.

Die Probier-Nadeln und -Sterne.

Die bei Strichproben erforderlichen Vergleichslegierungen kommen im Handel meist in Form von verschieden großen flachen

Stäbchen vor, Probiernadeln genannt (Abb. 2 und 3)[1], seltener auch als kleine linsenförmige Stücke, welche an die Spit-

Abb 2. ¹/₂ nat. Größe.

zen eines fünf- oder sechseckigen Sternes aus einer harten unechten Legierung angelötet sind und einen Probierstern bilden (Abb. 4 und 5).

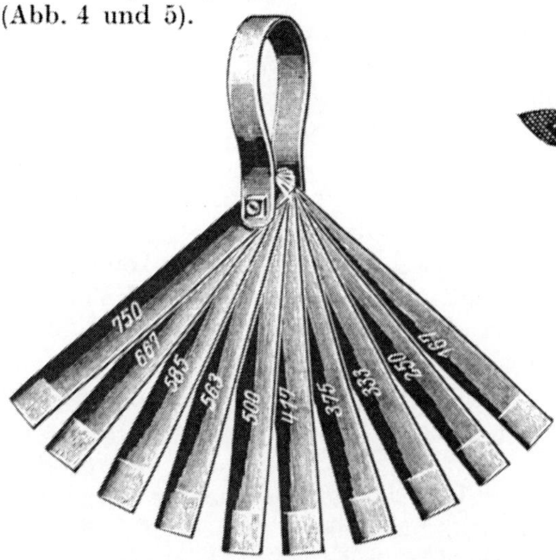

Abb. 4. Nat. Größe.

Abb. 3. Nat. Größe.

Die Anzahl, Zusammensetzung, Größe und Form der Probiernadeln hängen von der erzielbaren und gewünschten Genauigkeit ab, von der Häufigkeit des Gebrauches derselben, ferner ob beliebige Feingehalte untersucht werden sollen

Abb. 5. Nat. Größe.

[1] Einige Abbildungen sind Preislisten bekannter Firmen entnommen, und zwar: Abb. 3 von der Deutschen Gold- und Silberscheideanstalt vorm. Roeßler, Frankfurt a. M., Abb. 4 von der Gold- und Silberscheideanstalt Dr. Th. Wieland, Pforzheim, Abb. 5 und 9 von der Firma Gebr. Ott in Hanau a. M.

oder nur einzelne bestimmte Gehalte, wie auch vom Werte der betreffenden Edelmetalle.

Bei Einlösestellen, die täglich viele Strichproben auszuführen haben und bei welchen Edelmetallmaterial jeder Art und von jeder Zusammensetzung geprüft wird, müssen die zur Anwendung gelangenden Nadeln alle deutlich und sicher untersuchbaren und unterscheidbaren Feingehalte umfassen, bei den Goldlegierungen überdies dieselben Feingehalte mit verschiedenen Beilegierungen. Diese Anstalten verwenden wegen der starken Abnützung entsprechend große Nadeln, um ein öfteres Auswechseln derselben zu vermeiden. Für nur gelegentlichen Gebrauch genügen bedeutend kleinere und meist erheblich weniger Nadeln, besonders wenn nur einige bestimmte wichtigere Feingehalte geprüft werden sollen; in solchen Fällen benutzt man mitunter auch die Probiersterne, deren Goldfeingehalte häufig noch in Karaten angegeben sind (z. B. 8, 10, 12, 14 und 18 Karat).

Um die Nadeln bequem und sicher handhaben zu können und mit dem wertvollen Material zu sparen, lötet man die Edelmetalllegierungen an Stäbchen aus Packfong oder Bronze von gleichem Querschnitt. Auf diesen unechten Stäbchen ist der Edelmetallgehalt und fast stets auch die sonstige Zusammensetzung der betreffenden Vergleichslegierung eingeschlagen (Abb. 2), wobei meistens die bekannten alten oder die chemischen abgekürzten Bezeichnungen für die Edelmetalle und das Kupfer verwendet werden (für Gold ⊙ oder Au, für Silber ☽ oder Ag, für Kupfer ♀ oder Cu, für Platin ✳ oder Pt, für Palladium Pd).

Die größte Anzahl von Probiernadeln wird für Einlösungszwecke bei der Goldstrichprobe angewendet; man soll hierbei Nadeln mit Goldgehalten von 50 zu 50 Tausendteilen zwischen den Feingehalten 100 und 900 Tausendteilen besitzen, z. B. 100, 150, 200, 250 bis 900, also 17 Nadeln, und zwar je nach der Beilegierung und Vollständigkeit drei bis fünf Serien solcher Nadeln mit je gleichem Goldgehalt, also $3 \times 17 = 51$, oder $5 \times 17 = 85$ Nadeln, welche zugleich auch einen beträchtlichen Materialwert besitzen (vgl. den Abschnitt Goldstrichprobe).

Bei der möglichst genauen Untersuchung des vielverwendeten Goldfeingehaltes von 14 Karat (583 Tausendteile) werden bis zu neun Nadeln dieses einen Goldgehaltes mit verschiedener Beilegierung (Kupfer und Silber) benützt. Die Anzahl der bei der

Goldstrichprobe zur Anwendung gelangenden Probiernadeln ist also je nach dem Zwecke der Verwendung derselben eine sehr verschiedene.

Bei der Silberstrichprobe begnügt man sich für die Zwecke der Einlösung meistens mit Nadeln von 300—1000 Tausendteilen in Abständen von 25, 50 oder 100 Tausendteilen, also z. B. 300, 400, 500, 600 bis 1000 Tausendteile, nur mit Kupfer allein legiert; für besondere Gehalte dienen einzelne entsprechende Nadeln. Bei der Weißgold- und Platinstrichprobe verwendet man nur wenige einzelne Nadeln; nähere Angaben erfolgen in den betreffenden Abschnitten.

Die Nadeln werden in beliebigen Größen und Formen angefertigt; für stete häufige Benutzung sind Nadeln mit bis zu 10 g Edelmetallegierung in Gebrauch. Kleinere Silberprobiernadeln bestehen des geringen Wertes halber oft nur aus den Silberlegierungen.

Für den Gebrauch werden die Nadeln zweckmäßig nach den Feingehalten mit je gleicher Beilegierung oder bei gleichem Feingehalt nach der verschiedenen Beilegierung geordnet und zu Bünden vereinigt (Abb. 3). So bildet man z. B. aus den für Einlösungszwecke gebräuchlichen Goldprüfnadeln mit ansteigenden Goldgehalten und je gleicher Beilegierung drei bis fünf Bünde, je nachdem jeder Goldfeingehalt mit dreierlei oder fünferlei Beilegierung vertreten ist, oder aus sämtlichen 14karätigen Goldnadeln mit verschiedener Beilegierung einen Bund usw.

Die Probiersäuren.

Bei der Prüfung von Edelmetallen und Edelmetall-Legierungen mittels der Strichprobe werden verschiedene Säuren, sowie Mischungen von Säuren mit Säuren und Salzen verwendet, welche man als Probiersäuren, Probierflüssigkeiten oder wohl auch nur als Prüfwasser bezeichnet. Sie dienen entweder zur Erkennung von Edelmetallen oder zur Ermittlung der Feingehalte von Edelmetall-Legierungen, letzteres meistens in Verbindung mit Probiernadeln.

Die Stärke der zur Herstellung von Probierflüssigkeiten benützten Säuren wird in den bezüglichen Vorschriften durch das spezifische Gewicht angegeben, welches häufig auch in Graden Baumé (Bé), einer aus älterer Zeit herstammenden Bezeichnungsweise, ausgedrückt wird. Im Handel sind nur die konzentrierten Säuren vorrätig, und es ist meist umständlich, sich Säuren von bestimmter Konzentration selbst herzustellen. Dies bedingt den Besitz eines Aräometers für Flüssigkeiten schwerer als Wasser und eines entsprechend großen Zylinders, um die Aräometerspindel in die Flüssigkeiten einsenken zu können. Hierbei werden so große Säuremengen verwendet, wie man sie in langer Zeit nicht verbraucht.

Vielfach wird die anzuwendende Menge der Säuren in Gewichtsteilen (Grammen) angeführt; beim Abwägen bestimmter Mengen von Säuren wird aber meistens trotz aller Vorsicht etwas Säure auf die Waagschale verschüttet, und werden konzentrierte Säuren gewogen, so leiden die Metallteile der Waagen durch die entweichenden Säuredämpfe. Nun ist das Abwägen von Säuren leicht vermeidbar, wenn die betreffenden Säuremengen nicht in Gewichtsteilen, sondern in Volumteilen (z. B. Kubikzentimeter) ausgedrückt sind. Man kann dann die Säuremengen einfach durch Abmessen mit einem Meßzylinder leicht, rasch und ungefährlich ermitteln.

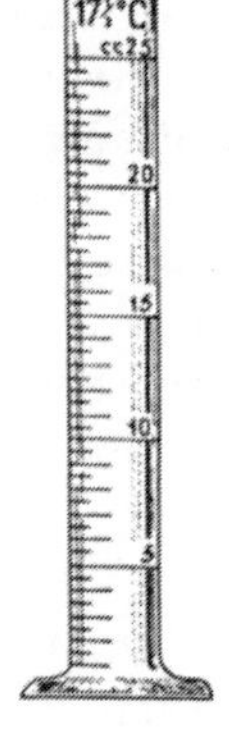

Aus diesen Gründen werden sämtliche Vorschriften zur Bereitung von Probiersäuren so angeführt, daß nur konzentrierte Säuren verwendet und die Mengen derselben in Volumteilen angegeben werden, die Säuren also nicht gewogen, sondern im Meßzylinder abgemessen werden. Es genügt hierzu ein Meßzylinder mit Ausguß von 25 oder 50 cm³ Meßbereich, in halbe Kubikzentimeter geteilt (Abb. 6).

Mit Rücksicht auf den Inhalt der zur Aufbewahrung der Probiersäuren üblichen Fläschchen werden die Vorschriften zur Bereitung derselben, soweit dies tunlich war, auf Mengen von ungefähr 30—50 cm³ bezogen.

Abb. 6.
¹/₃ nat. Größe.

Die Probiersäuren sind nach der Herstellung stets gut durchzuschütteln und erst nach einigen Stunden oder am nächsten Tage in Gebrauch zu nehmen; die zu ihrer Bereitung erforderlichen flüssigen und festen Chemikalien sind in entsprechenden Glasgefäßen mit eingeriebenen Stöpseln gut verschlossen, trocken und kühl aufzubewahren und halten sich lange Zeit unzersetzt. Sämtliche Probiersäuren werden mehr oder weniger rasch unwirksam, wenn sie längere Zeit dem direkten Sonnenlicht ausgesetzt werden. Man bewahre daher die Probiersäuren an einem vor starker, direkter Sonnenstrahlung geschützten Orte auf.

Die Probiersäuren kann man sich auch in Drogerien oder Apotheken bereiten lassen; die Goldprobiersäuren und die rote Silberprobiersäure sind überdies in den meisten Legier- und Einlöseanstalten erhältlich.

Die Probiersäurefläschchen.

Zur Aufbewahrung und zum Gebrauche der Probiersäuren dienen Fläschchen aus Glas mit stiftförmig nahe bis zum Boden derselben verlängerten eingeriebenen Stöpseln, mit welchen man die Säure in genügender Menge auf die Striche am Stein bringen kann. Die Fläschchen sind in verschiedenen Größen und Formen im Handel. Abb. 7 zeigt ein Fläschchen mit gedrehtem Stiftstöpsel und aufgesetzter Kappe, Abb. 8 ein solches mit aufgebogenem Halsrand, welcher das lästige Abfließen von Säure außen am Fläschchen verhindert. Eine altbekannte, besonders bei Goldarbeitern häufig in Verwendung stehende Garnitur von drei viereckigen Fläschchen in Glastrog stellt Abb. 9 dar. Die folgende Abb. 10 bringt einen Ständer

Abb. 7. ¹/₃ nat. Größe.

aus weißem Steingut für vier Säurefläschchen mit Fächern für die abgenommenen Kappen und Abb. 11 ein ebenfalls mitunter in

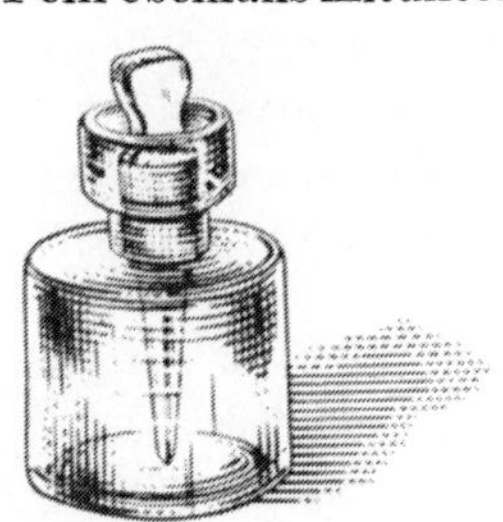

Abb. 8. ¹/₃ nat. Größe.

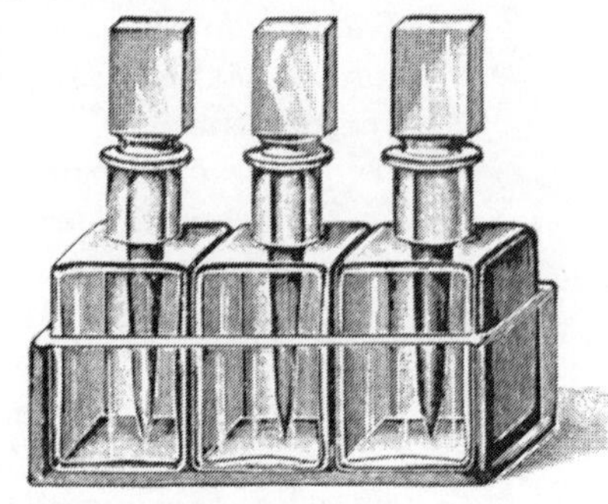

Abb. 9. ¹/₃ nat. Größe.

Verwendung stehendes Fläschchen mit eingeschliffener Pipette und Gummikappe. Für den gewöhnlichen Gebrauch werden, wie bereits erwähnt, meist Fläschchen von ungefähr 30—50 cm³ Inhalt benutzt.

Bei Strichproben für Feingehaltsermittlungen soll eine hinreichend große Menge der Probiersäure möglichst auf einmal auf
die Striche am Stein gebracht werden; dies bedingt die Anwen-

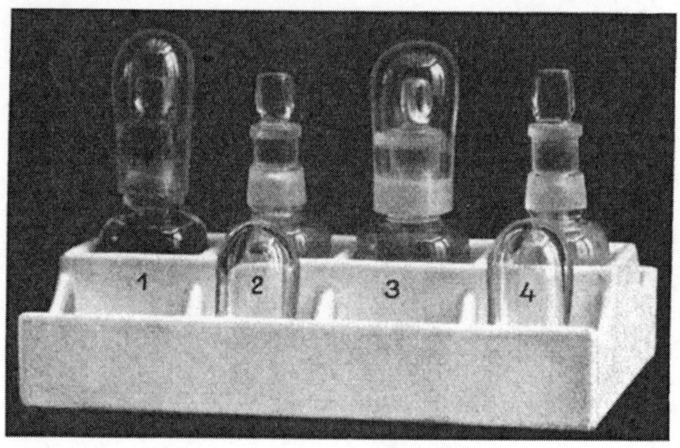

Abb. 10. ¹/₃ nat. Größe.

dung dicker Stiftstöpsel von mindestens $^1/_2$ cm Durchmesser.
Viele im Handel befindliche Sorten von Fläschchen besitzen nur
dünne spitze Stiftstöpsel und sind daher für den angeführten
Zweck ungeeignet. Die Stöpsel sollen ferner große
Köpfe zum Anfassen aufweisen (z. B. wie in Abb. 9),
um das häufige Benetzen der Fingerspitzen mit Säuren
zu vermeiden. Gut schließende eingeriebene Glaskappen erhöhen erheblich die Haltbarkeit der Säuren.

Zur Schonung des Arbeitsplatzes stehen die Fläschchen meistens in entsprechenden Ständern aus Glas,
Steingut, Eichen- oder Buchenholz. Zur Mitnahme
auf Reisen sind verschiedene Etuis für einzelne oder
mehrere Fläschchen im Handel erhältlich.

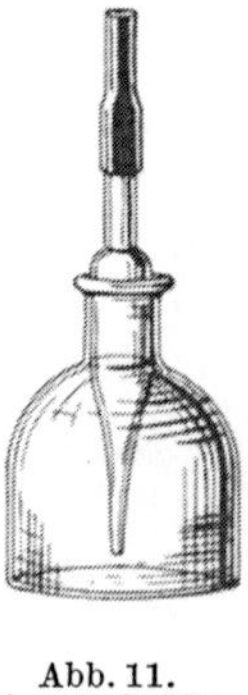

Um die farblosen Probierflüssigkeiten nicht untereinander zu verwechseln, sind die Fläschchen mit
eingeätzten Aufschriften oder Ziffern versehen; auch

Abb. 11.
¹/₃ nat. Größe.

braun, grün oder blau gefärbte Fläschchen werden für diesen
Zweck verwendet. Für leicht zersetzliche gefärbte Probiersäuren,
wie z. B. die Platinprobiersäure, deren beginnende Unwirksamkeit

an der Farbenänderung (Entfärbung) merkbar wird, ist jedoch die Verwendung farbloser Fläschchen vorzuziehen.

Zusammenstellung der wichtigsten Probiersäuren.

Zur Bereitung der wichtigsten, bei der Strichprobe verwendeten Probierflüssigkeiten sind folgende Säuren und Salze erforderlich:

Salpetersäure (Scheidewasser), konzentriert, spezifisches Gewicht 1,42 (42° Bé);

Salzsäure, konzentriert, spezifisches Gewicht 1,19 (23° Bé);

Schwefelsäure, konzentriert, spezifisches Gewicht 1,8 (66° Bé);

Kaliumdichromat (doppeltchromsaures Kali), gepulvert;

Kaliumnitrat (Kalisalpeter) gepulvert.

Die rote Silberprobiersäure:

3 g Kaliumdichromat,

3 cm³ konzentrierte Schwefelsäure und

32 cm³ Wasser.

Eventuelle Verwendung von konzentrierter Salpetersäure statt Schwefelsäure s. S. 26.

Die Goldprobiersäuren.

Probiersäure für 18karätiges Gold:

40 cm³ konzentrierte Salpetersäure,

1 cm³ konzentrierte Salzsäure und

15 cm³ Wasser.

Probiersäure für 14karätiges Gold:

30 cm³ konzentrierte Salpetersäure,

$^{1}/_{2}$ cm³ konzentrierte Salzsäure und

70 cm³ Wasser.

Probiersäure für 8karätiges Gold:

Gleiche Volumteile konzentrierte Salpetersäure und Wasser, z. B.: 20 cm³ konzentrierte Salpetersäure und 20 cm³ Wasser.

Die Unterscheidungssäure (zur Unterscheidung des Platins von platinähnlichen Legierungen, dient auch zur Feingehaltsbestimmung von Platinlegierungen):

18 cm³ konzentrierte Salpetersäure,

24 cm³ konzentrierte Salzsäure und

6 cm³ Wasser.

Die Platinprobiersäure:

9 cm³ konzentrierte Salpetersäure,

24 cm³ konzentrierte Salzsäure,

3 cm³ Wasser und

9 g Kalisalpeter (Kaliumnitrat).

Nähere Angaben über die Bereitung und Wirkungsweise der einzelnen Probiersäuren enthalten die betreffenden Abschnitte.

Zur Reinigung der Striche von Anlauffarben und Auflösung von Niederschlägen dient konzentriertes Ammoniak (Salmiakgeist), etwa 25%ig (siehe S. 38).

Von weniger wichtigen Probierflüssigkeiten werden in den weiteren Abschnitten noch erwähnt:

Zwei Prüfflüssigkeiten zur Ermittlung des Feingehaltes von Silberlegierungen (S. 28ff.),

eine jodhaltige Unterscheidungssäure zur Erkennung platinähnlicher Legierungen (S. 50) und

eine Rhodansalzlösung zum Nachweis von Gold und Palladium (S. 44 und 64).

II. Spezieller Teil.

Die Silberstrichprobe.

Die zur Anfertigung von Schmuckwaren und Gebrauchsgegenständen verwendeten Silberlegierungen bestehen meistens nur aus Silber und Kupfer. Sie werden mit steigendem Kupfergehalt gelblich bis rötlich gefärbt; Legierungen mit Silbergehalten von mehr als ungefähr 900 Tausendteilen sind weiß, solche von ungefähr 600—900 Tausendteilen mehr oder weniger stark gelblich und jene unter ungefähr 600 Tausendteilen Silber rötlich bis rot gefärbt.

Zur Erzielung bestimmter gewünschter physikalischer oder chemischer Eigenschaften, wie Farbe, Härte, Widerstandsfähigkeit gegen atmosphärische Einflüsse (Anlaufen) usw., werden bei der Herstellung der Legierungen nach Bedarf auch andere Metalle zugesetzt, wie Kadmium, Nickel, Zink, Arsen, Antimon, Aluminium, Wolfram; diese mitunter erheblichen Zusätze beeinflussen meist sehr die Genauigkeit der Silberstrichprobe. Die besten Ergebnisse liefert die Strichprobe bei den nur aus Silber und Kupfer bestehenden Legierungen, welche die überwiegende Mehrzahl der im Handel befindlichen Silberlegierungen bilden.

Der Nachweis des Silbers.

Zur Erkennung des Silbers in Legierungen dient die Probiersäure zur Prüfung von 18karätigen Goldlegierungen (vgl. den Abschnitt Goldstrichprobe S. 34) und eine zweite Flüssigkeit, welche kurz als rote Silberprobiersäure bezeichnet werden soll. Die Probiersäure für 18karätiges Gold zersetzt mehr silberhaltige Legierungen als die rote Silberprobiersäure und besitzt daher einen größeren Wirkungsbereich als letztere, welche hauptsächlich bei der Untersuchung von Silberkupferlegierungen gute Dienste leistet, da sie nach der Farbe der bei ihrer Anwendung entstehenden Niederschläge auch eine beiläufige rohe Schätzung des Silbergehaltes gestattet und überdies oft die Anwesenheit von erheblichen Mengen anderer Beilegierungsmetalle als Kupfer anzeigt.

Probiersäure für 18karätiges Gold: dichter weißer oder bläulichweißer Niederschlag.

Die Probiersäure für 18karätiges Gold, deren Zusammensetzung auf S. 34 angegeben ist, greift die Striche von Silberlegierungen unter sofortiger Dunkelfärbung derselben stark an und erzeugt alsbald dichte weiße oder bläulichweiße Niederschläge (Chlorsilber), die sich bei Gegenwart größerer Silbermengen käsig zusammenballen und auf den Strichen fest haften. Die Bildung des weißen Niederschlages mit dieser Probiersäure ist nur für das Silber allein charakteristisch und tritt auch bei Gegenwart von beliebigen edlen und unedlen Metallen ein.

Quecksilber und Blei, welche mit der Probiersäure für 18karätiges Gold ebenfalls weiße Niederschläge geben, können wohl nicht zu Verwechslungen mit Silber führen.

In silberhaltigen Edelmetallegierungen mit größerem Edelmetallgehalt, z. B. in 14- oder 18karätigen farbigen Gold- oder Weißgoldlegierungen, deren Striche von dieser Probiersäure stark angreifbar sind, machen sich nicht zu geringe Mengen von vorhandenem Silber ebenfalls durch die Bildung von Niederschlägen bemerkbar; diese sind aber in der dunkel gefärbten Lösung des Striches ebenfalls dunkel gefärbt und oft erst nach dem Entfernen der verwendeten Probiersäure auf den trockenen Strichen besser wahrnehmbar.

Geringe Mengen Silber sind in Legierungen, deren Striche von konzentrierter Salpetersäure gelöst oder stark angegriffen werden, mitunter auf folgende Weise deutlicher erkennbar als mit der Probiersäure für 18karätiges Gold oder der roten Silberprobiersäure: Man läßt auf eine größere Fläche des Striches der Legierung konzentrierte Salpetersäure stark einwirken und fügt dann erst der Flüssigkeit einige Tropfen der Probiersäure für 18karätiges Gold zu; ist eine nicht zu geringe Menge von Silber vorhanden, so entsteht nach kurzer Zeit ein weißlicher Niederschlag oder eine milchige Trübung.

Im allgemeinen sind Mengen von weniger als ungefähr 100 Tausendteilen Silber in Legierungen mit dieser Probiersäure nicht mehr deutlich nachweisbar, doch sind je nach der Zusammensetzung der Legierungen mitunter auch geringere Silbermengen auf diese Weise noch erkennbar.

Zur Ermittlung der Feingehalte von Silberlegierungen ist die Probiersäure für 18karätiges Gold nicht geeignet; man kann aus der Menge des gebildeten weißen Niederschlages nur einen ganz beiläufigen Schluß auf die vorhandene Menge Silber ziehen.

Die mit dieser Probiersäure entstehenden weißen Niederschläge sind in Ammoniak leicht löslich und dadurch von den Strichen entfernbar.

Rote Silberprobiersäure: Dichter roter Niederschlag.

Diese Probiersäure besteht aus doppeltchromsaurem Kali (Kaliumdichromat), konzentrierter Schwefelsäure und Wasser nach der gebräuchlichsten Vorschrift in folgenden Verhältnissen: 3 g Kaliumdichromat, 3 cm³ konzentrierte Schwefelsäure und 32 cm³ Wasser.

Zur Herstellung der Lösung gießt man die Schwefelsäure in das Wasser, mischt gut durch, fügt das gepulverte Salz hinzu und schüttelt öfters, bis sich dieses gelöst hat. Die Flüssigkeit ist jahrelang brauchbar, ohne sich zu zersetzen.

Die Probiersäure greift die Mehrzahl der Silberlegierungen, darunter alle Silberkupferlegierungen, rasch unter Ausscheidung eines dichten roten Niederschlages (Silberchromat) an. Je mehr Silber eine Legierung enthält, desto heller rot ist dieser gefärbt, während mit steigendem Kupfergehalt die Farbe desselben dunkler, mehr schwarzrot wird. Der Niederschlag haftet fest am Strich und kann z. B. durch Abspülen mit Wasser nicht entfernt werden. Bei den Silberkupferlegierungen mit weniger als ungefähr 250 Tausendteilen Silbergehalt sind die entstehenden Niederschläge bereits so dunkel gefärbt, daß man sie nicht mehr zur deutlichen und sicheren Erkennung des Silbers benützen kann.

Legierungen des Silbers mit Edelmetallen, wie Silbergold- oder Silberplatinlegierungen, werden bei größeren Gehalten an diesen Metallen von der roten Silberprobiersäure nicht mehr angegriffen; man kann daher die in diesen Legierungen enthaltenen großen Silbermengen (bis zu ungefähr 800 Tausendteilen!) mit dieser Probiersäure nicht erkennen, sondern muß hierzu die Probiersäure für 18karätiges Gold anwenden.

Durch geringe Mengen von Gold oder Platin wird der rote Niederschlag dunkler gefärbt; so geben z. B. die Striche von durch Einschmelzen von sogenannten echten Goldborten (aus vergoldetem Silberdraht erzeugt) erhaltenem Bortensilber mit sehr hohem Silbergehalt (bis zu ungefähr 990 Tausendteilen) und durchschnittlich 5—10 Tausendteilen Goldgehalt mit der roten Silberprobiersäure deutlich schwärzlichrote Niederschläge. Die Farben derselben treten mehr hervor und können besser beobachtet werden, wenn man zu beiden Seiten des Striches vom Bortenmaterial Striche von hochprozentigen Silberkupferlegierungen ausführt, z. B. mit einer Silberprobiernadel von 900 Tausendteilen Silbergehalt, und die Striche dann mit der roten Probiersäure benetzt.

Dieses Verhalten kann unter Umständen zur Erkennung von kleinen Mengen Gold oder Platin in Silberlegierungen führen; doch verursachen auch manche unedle Metalle ein Schwärzlichwerden der roten Niederschläge.

Für die annähernde Bestimmung der Feingehalte von Silberlegierungen ist die rote Silberprobiersäure wenig geeignet; sie läßt unter Benützung von Silberprobiernadeln durch Vergleichung der auf den Strichen der Nadeln und der unbekannten Legierungen erzeugten roten Niederschläge nur beiläufige Schätzungen der Silbergehalte zu.

Die mit dieser Probiersäure entstehenden roten Niederschläge sind in Ammoniak leicht zu einer grünen Flüssigkeit löslich.

Auf den Strichen von 8- bis ungefähr 15karätigen silberfreien Weißgoldlegierungen (333 bis ungefähr 625 Tausendteilen entsprechend) bewirkt die rote Silberprobiersäure eine rote Färbung,

keinen Niederschlag. Diese Färbung kann aber mit dem dichten
roten Silberniederschlag, welchen dieselbe Säure mit Silberlegierungen gibt, nicht verwechselt werden. Die rote Färbung
wird durch Ammoniak nicht verändert.

Vielfach wird statt der Auflösung des Kaliumdichromates in
konzentrierter Schwefelsäure und Wasser zum Nachweis des Silbers
auch eine Lösung desselben Salzes in konzentrierter Salpetersäure
verwendet, welche in den meisten Fällen ganz analog wie die
Lösung in Schwefelsäure wirkt. Zur Bereitung dieser Lösung
mischt man 20 g gepulvertes Kaliumdichromat mit 30 cm³ konzentrierter Salpetersäure und schüttelt öfters gut um.

Die Unterscheidung der Silberlegierungen von
Legierungen aus unedlen Metallen mit
silberähnlichem Aussehen.

Die Unterscheidung der Silberlegierungen von unechten silber-
ähnlichen Legierungen geschieht am besten mit der roten Silberprobiersäure; wenn diese den grauweißen Strich einer Legierung
am Stein in kurzer Zeit vollständig auflöst, ohne Bildung eines
roten Niederschlages und ohne einen Rückstand zu hinterlassen,
so ist die Legierung als unecht und silberfrei anzusehen.

Die Probiersäure für 18 karätiges Gold wirkt in analoger
Weise.

Bezüglich der eventuellen Erkennung grauer unechter Metalle
oder Legierungen, deren Striche von diesen Probiersäuren nicht
oder nur wenig angegriffen werden, vgl. S. 79.

Da es viele Legierungen gibt, welche nur aus unedlen Metallen
bestehen und sowohl im Ansehen (Farbe) wie auch nach der Härte
(Streichbarkeit) für Silberlegierungen gehalten werden können, ist
es unerläßlich, stets zum Nachweis des Silbers bzw. zur Erkennung
der Unechtheit, die entsprechende Probiersäure anzuwenden.

Die Erkennung von Platinsilberlegierungen wird im Abschnitt
„Die Strichprobe der Platinsilberlegierungen" S. 57 angeführt.

Die Bestimmung des Feingehaltes von
Silberlegierungen.

Die Ermittlung des Feingehaltes von Silberlegierungen erfolgt meistens nur durch Vergleichung der Farben der Striche derselben mit jenen von Strichen von Silberprobiernadeln.

Bei Silberkupferlegierungen mit weißen oder gelblichen Strichen können von geübten Augen bei breiten Strichen am Stein noch Farbenunterschiede wahrgenommen werden, welche durch Differenzen von ungefähr 20 Tausendteilen im Silbergehalt der Legierungen verursacht werden; durchschnittlich kann man etwa 30 Tausendteile als noch deutlich bemerkbaren Unterschied annehmen.

Die Silberprobiernadeln werden nur aus Silber und Kupfer hergestellt, und zwar verwendet man meist Nadeln mit von 25 zu 25, oder von 50 zu 50, auch nur von 100 zu 100 Tausendteilen steigenden Silbergehalten von 250 oder 300 Tausendteilen an aufwärts bis zum Feinsilber, z. B. 300, 400, 500 usw. bis 1000 Tausendteile.

Zur Untersuchung dazwischen liegender besonderer Feingehalte, wie z. B. 835 oder 925, sind eigene einzelne Nadeln erforderlich. Mitunter werden statt einzelner Nadeln auch Probiersterne benützt, z. B. mit den Silbergehalten 400, 500, 700, 800, 900 und 1000 Tausendteilen.

Zur annähernden Feingehaltsermittlung einer Silberlegierung mache man mit derselben einen breiten gleichmäßigen Strich am Stein und zu beiden Seiten desselben solange Striche von Silberprobiernadeln, bis man, mitunter erst nach mehrmaligem Streichen, eine Nadel findet, deren Strich möglichst dieselbe Farbe besitzt wie der Strich der unbekannten Legierung. Der auf der Nadel eingeschlagene Silbergehalt derselben ergibt auch annähernd den Feingehalt der untersuchten Legierung.

Paßt keine der vorhandenen Nadeln in der Strichfarbe zu der Legierung, wie dies z. B. bei Platinsilberlegierungen der Fall ist, so ist dies ein Zeichen, daß diese Legierung keine reine Silberkupferlegierung ist, sondern außer Silber andere edle oder unedle Metalle in erheblicher Menge enthält; in solchen Fällen versagt die Strichprobe durch Vergleichung der Farben der Striche. Eine derartige abweichend zusammengesetzte Legierung kann eventuell bedeutend weniger Silber enthalten als der Strich nach der Farbe annähernd ergibt.

Mitunter zeigt die rote Silberprobiersäure die Anwesenheit von anderen Beilegierungsmetallen als Kupfer durch die Farbe des roten Niederschlages an, den sie am Strich der Legierung erzeugt; der Niederschlag weist hierbei häufig eine Farbe auf, welche von jener des Niederschlages auf dem Striche der in der Strichfarbe annähernd ähnlichen Probiernadel mehr oder weniger abweicht,

z. B. dunkler oder braunrot usw. ist. Doch gibt es auch Beimengungen, welche die Farbe der Silberlegierungen bedeutend verbessern, nach der Farbe des Striches einen erheblich höheren Silbergehalt anzeigen, als die Legierungen tatsächlich besitzen, ohne daß die Farbe des roten Niederschlages durch die Anwesenheit dieser Beimengung irgendwie verändert werden würde, wie dies z. B. beim Kadmium als Beilegierungsmetall neben Kupfer der Fall ist.

Durch die Möglichkeit der Anwesenheit anderer Beilegierungsmetalle als Kupfer, ohne daß man dies irgendwie bemerkt, haftet den Ergebnissen der Feingehaltsermittlung von Silberlegierungen durch die Strichprobe stets eine gewisse Unsicherheit und Ungenauigkeit an.

Zur Ermittlung der Feingehalte von Silberlegierungen auf Grund des Verhaltens ihrer Striche zu Probiersäuren, ähnlich wie bei der Strichprobe der farbigen Goldlegierungen, sind mehrfach Probierflüssigkeiten vorgeschlagen worden; die bisher bekannt gewordenen Prüfsäuren besitzen jedoch sämtlich Nachteile, welche ihre allgemeine Anwendung verhindert haben. Bei dem relativ geringen Werte des Silbers genügt für viele Zwecke der Praxis auch oft die Möglichkeit, durch Anwendung entsprechender Probiernadeln nach der Farbe der Striche allein die Silbergehalte von Legierungen auf ungefähr 30—50 Tausendteile genau schätzen zu können.

Zwei Probiersäuren, welche in manchen Zweifelsfällen gute Dienste leisten können, seien in Ermanglung besser wirkender Flüssigkeiten zur eventuellen Benützung angeführt.

a) Eine bei Silberfeingehalten zwischen ungefähr 700 und 800 Tausendteilen anwendbare Prüfflüssigkeit besteht aus:

$^1/_2$ g Schwefelleber (Kaliumsulfid),

5 cm³ Wasser,

20 cm³ Äthylalkohol (Weingeist) 96% und

20 cm³ Glyzerin.

Man löst zuerst $^1/_2$ g der gepulverten Schwefelleber in 5 cm³ Wasser auf, filtriert von einem eventuellen ungelösten Rückstand ab, fügt die entsprechenden Mengen Alkohol und Glyzerin zu und schüttelt gut durch.

Man erzeuge mit der zu prüfenden Legierung einen breiten kräftigen Strich am Stein und streiche in gleicher Weise auf einer Seite des Striches die in der Strichfarbe am ähnlichsten aussehende Silberprobiernadel dazu. Da die Probierflüssigkeit sehr rasch auf die Striche einwirkt, ist es besser, sich mit zwei Strichen zu begnügen, weil sonst eventuell bereits während des Auftragens der Flüssigkeit über mehrere breite Striche der Angriff zu stark wird. Quer über die Striche bringt man nun mit einem dicken Stiftstöpsel rasch eine genügende Menge der Lösung und beobachte die Wirkung derselben. Die gelbe Lösung färbt die Striche alsbald braun, und zwar um so dunkler, je länger die Lösung auf die Striche einwirkt, und je mehr Kupfer in denselben enthalten ist. Die Farbenunterschiede der Angriffe sind jedoch nur zu Beginn des Angriffes sichtbar, da nach ganz kurzer Einwirkung der Flüssigkeit die Striche der Silberlegierungen meist unter Bildung verschiedener Anlauffarben so dunkel gefärbt werden, daß die zuerst bemerkbaren Unterschiede im Angriffe der Striche nicht mehr sichtbar sind. Es ist dabei die schärfste rechtzeitige Beobachtung der Einwirkung der Lösung erforderlich, um kleine Unterschiede bei derselben beobachten zu können.

Man hält stets ein reines Stück Filtrierpapier bereit, um ohne Verzug die Lösung im passenden Augenblick absaugen zu können, ehe die Striche zu stark angegriffen werden; nach dem Absaugen sind jedoch meistens die Angriffe bereits so dunkel, ungleichmäßig und von Anlauffarben bedeckt, daß keine Beurteilung der Feingehalte mehr möglich ist. Man hat auch vorgeschlagen, den Angriff der Lösung nicht durch Absaugen zu unterbrechen, sondern den Stein im passenden Augenblick in ein bereitgehaltenes Gefäß mit Wasser zu tauchen und dadurch die Striche gut mit Wasser abzuspülen, ohne jedoch hierbei bessere Ergebnisse zu erzielen.

Die Lösung zeigt Feingehaltsunterschiede von Silberlegierungen am besten bei den zwischen ungefähr 700 und 800 Tausendteilen liegenden Silbergehalten an, und zwar ermöglicht sie die Ermittlung derselben bis auf ungefähr 15—20 Tausendteile, falls die Legierungen nur aus Silber und Kupfer bestehen; sie zeigt also Verschiedenheiten von Silberfeingehalten an, welche sonst durch die Farben der Striche allein nicht immer beobachtet werden können.

Die Bereitung dieser Probierflüssigkeit wird mitunter auch so angegeben, daß man nur 1 g Schwefelleber in 50 cm³ Wasser löst und, wenn erforderlich, von einem eventuellen Rückstande abfiltriert. Diese Lösung wirkt in ganz analoger Weise auf die Striche von Silberlegierungen ein, zersetzt sich jedoch bereits nach einigen Tagen unter Entfärbung und Ausscheidung von Schwefel. Sie greift die Striche ebenfalls sehr rasch an; Verdünnen der Lösung mit Wasser beschleunigt die Zersetzung derselben, ohne den Angriff merklich zu verlangsamen. Die Flüssigkeit besitzt einen unangenehmen Geruch nach Schwefelwasserstoff.

Zur Aufbewahrung von Schwefelleber sind nur sehr dicht schließende Gläser zu verwenden, da sonst besonders in feuchter Luft infolge langsamer Zersetzung des Salzes Gase entweichen, welche in der Nähe befindliche Metallwaren (z. B. vernickelte oder silberne Gegenstände) schwärzen.

b) Zur Untersuchung höherer, zwischen ungefähr 800 und 900 Tausendteilen liegender Silberfeingehalte wird ein Säuregemisch von folgender Zusammensetzung empfohlen:

9 cm³ konzentrierte Salpetersäure,
15 cm³ Eisessig (konzentrierte Essigsäure, 100%),
18 cm³ Wasser.

Infolge des bedeutenden Gehaltes an konzentrierter Essigsäure riecht die Flüssigkeit stark nach Essig.

Man erzeugt in gleicher Weise wie früher einen sorgfältigen Strich der Legierung am Stein und zu einer Seite desselben einen Strich mit einer

in der Farbe möglichst gleichen Probiernadel, bringt dann die Probiersäure
auf die Striche und beobachtet die Einwirkung derselben.

Die Striche werden bald bräunlich gefärbt, und zwar um so dunkler,
je mehr Kupfer sie enthalten, also je ärmer sie an Silber sind; im geeigneten
Augenblick wird die Säure mit Filtrierpapier abgesaugt.

Unterschiede von ungefähr 20 Tausendteilen bei zwischen 800 und
900 Tausendteilen liegenden Silbergehalten zweier Legierungen werden
meist deutlich angezeigt; die Probiersäure wirkt jedoch nicht immer in
gleicher Weise, die Angriffe sind auch von der Gleichmäßigkeit der schwachen
Einfettung des Steines abhängig und erfordern gleich stark und sehr sorgfältig ausgeführte Striche. Es ist mitunter öfteres Streichen und mehrmaliges Angreifenlassen der Probiersäure erforderlich, um eindeutige Resultate zu erhalten.

Beide Probiersäuren liefern nur bei Silberkupferlegierungen brauchbare
annähernde Ergebnisse, da man auch nur Probiernadeln aus Silber und
Kupfer benutzt; sind andere Beilegierungsmetalle außer Kupfer in erheblicher Menge vorhanden, wie dies z. B. bei Münzen und Geräten aus dem
Mittelalter oft der Fall ist, so werden ihre Angaben ungenau und unverläßlich.

Zur Erkennung oder zum Nachweis des Silbers in Legierungen sind
diese Probiersäuren nicht geeignet; wendet man sie bei höheren Feingehalten an als angegeben, so ergeben sie mitunter verkehrte Resultate.

Die Goldstrichprobe.

Die Strichprobe der farbigen Goldlegierungen.

Als farbige Goldlegierungen werden hier, zum Unterschied von
den Weißgoldlegierungen, die hauptsächlich aus Gold, Silber und
Kupfer, oder aus Gold und Silber, oder Gold und Kupfer bestehenden Goldlegierungen bezeichnet, welche je nach ihrer Zusammensetzung mehr oder weniger stark gefärbt sind.

Die Farben der Legierungen sind außer vom Goldgehalte noch
von der Art und den Mengen der dem Golde beilegierten Metalle
(Silber und Kupfer) bedingt; nach der Beilegierung, die man bei
den Goldlegierungen auch Karatierung nennt, teilt man dieselben
in drei Gruppen ein: die Goldlegierungen mit weißer Karatierung,
oder die nur aus Gold und Silber bestehenden Goldlegierungen mit
weißen bis grünlichen Farben, auch Grüngoldlegierungen genannt;
die Goldlegierungen mit roter Karatierung oder die nur aus Gold
und Kupfer bestehenden Rotgoldlegierungen mit rötlichen bis
roten Farben, und die Goldlegierungen mit gemischter Karatierung
oder die aus Gold, Silber und Kupfer bestehenden Gelbgold-
legierungen mit gelben, gelbroten bis braunroten Farben.

Die drei Metalle Gold, Silber und Kupfer besitzen so verschiedene Farben, gelb, weiß, rot, daß die Mehrzahl der aus diesen Metallen bestehenden Legierungen, soferne nicht ein Metall allzu sehr überwiegt, so charakteristisch gefärbt sind, daß ihre Farben auch annähernd ihre Zusammensetzung anzeigen.

Bei den Strichen von 14karätigen Goldlegierungen können z. B. geübte Augen Unterschiede von nur ungefähr 30 Tausendteilen in den Gehalten der Beilegierungsmetalle noch deutlich wahrnehmen, wie z. B. bei den Legierungen mit 585 Tausendteilen Gold, 165 Tausendteilen Silber, 250 Tausendteilen Kupfer, und 585 Tausendteilen Gold, 135 Tausendteilen Silber und 280 Tausendteilen Kupfer.

Man ist dadurch in der Lage, bei der Untersuchung einer farbigen Goldlegierung mit unbekanntem Goldgehalt am Probierstein nach der Farbe des Striches derselben aus den vorhandenen bekannten Vergleichslegierungen (Goldprobiernadeln) eine Legierung (Nadel) auswählen zu können, deren Strichfarbe möglichst genau mit jener der unbekannten Legierung übereinstimmt, wodurch man aus dem bekannten Goldgehalt der Nadel auch annähernd den Goldgehalt der untersuchten Legierung erfährt.

Striche von genau gleich zusammengesetzten Goldlegierungen verhalten sich aber auch vollkommen gleich, wenn man sie mit entsprechenden Probiersäuren behandelt, und es zeigen sich hierbei Unterschiede, wenn die Legierungen nicht gleich zusammengesetzt sind. Man benützt daher bei der Strichprobe auch diesen Umstand, um zu ermitteln, ob eine unbekannte Legierung und eine gleich gefärbte Probiernadel gleich zusammengesetzt sind oder nicht, und läßt auf die Striche derselben stets die entsprechende Probiersäure einwirken.

Wie bereits anfangs erwähnt, ist die Strichprobe zur annähernden Ermittlung des Goldfeingehaltes von Legierungen nur bei solchen mit Goldgehalten bis höchstens ungefähr 920 Tausendteilen anwendbar, da Legierungen mit noch größeren Goldgehalten, z. B. Dukaten, bereits so weich sind, daß sie nicht mehr streichbar sind, d. h. daß man keinen zusammenhängenden Strich am Stein ausführen kann, also die wichtigste Vorbedingung zur Anwendung der Strichprobe fehlt.

Der Nachweis des Goldes in farbigen Goldlegierungen.

Bei den farbigen Goldlegierungen genügt es zur Erkennung des Goldgehaltes, daß bei Behandlung der Striche derselben am Stein mit Probiersäuren, welche die Striche stark angreifen, deutliche gelbbraune bis rotbraune Rückstände nach dem Absaugen der Säure zurückbleiben, oder daß die Striche der Legierungen von den Goldprobiersäuren nur schwach oder gar nicht angegriffen werden, was bei Legierungen mit höheren Goldgehalten der Fall ist.

Zum Nachweis des Goldgehaltes von Legierungen verwendet man je nach den Feingehalten derselben entweder konzentrierte Salpetersäure oder die Probiersäure für 18karätiges Gold. Die konzentrierte Salpetersäure greift die Striche aller Goldlegierungen mit unter ungefähr 500 Tausendteilen liegenden Goldgehalten alsbald an, und zwar um so rascher und stärker, je niederer der Goldgehalt ist. Nach dem Absaugen der Säure mit Filtrierpapier hinterbleibt ein brauner Rückstand am Stein, der bei geringen Goldgehalten dunkel und undeutlich sichtbar ist. In solchen Fällen wendet man zweckmäßig eine schwächer wirkende verdünnte Salpetersäure an, eine Mischung von gleichen Volumteilen konzentrierter Salpetersäure und Wasser, z. B. 20 cm³ Salpetersäure und 20 cm³ Wasser, welche auch als Probiersäure für 8karätige Goldlegierungen benützt wird.

Bei Benützung dieser langsam einwirkenden Probiersäure sind bei vorsichtigem Absaugen derselben Goldgehalte bis zu ungefähr 100 Tausendteilen herab als Rückstand erkennbar; noch geringere Gehalte sind mit der Strichprobe meist nicht mehr nachweisbar.

Greift die konzentrierte Salpetersäure Striche von farbigen Goldlegierungen nicht an, so besitzen diese über ungefähr 500 Tausendteile betragende Goldgehalte; die weitere Prüfung und Schätzung derselben erfolgt dann durch Behandlung der Striche mit der Probiersäure für 18karätiges Gold, welche jene von Legierungen mit Goldgehalten bis ungefähr 700 Tausendteilen rasch unter Dunkelfärbung der Striche angreift, und bei Goldgehalten von ungefähr 700 bis etwa 850 Tausendteilen die Striche ohne Verfärbung nur mehr oder weniger schwach angreift. Striche von Legierungen mit mehr als ungefähr 850 Tausendteilen Goldgehalt werden in der gewöhnlichen Einwirkungsdauer von dieser Säure nicht mehr deutlich angegriffen.

Die Unterscheidung der farbigen Goldlegierungen von Legierungen aus unedlen Metallen mit goldähnlichem Aussehen.

Es gibt eine große Anzahl Legierungen, die nur aus unedlen Metallen bestehen und das Aussehen von Goldlegierungen besitzen; um diese unechten Legierungen von Goldlegierungen rasch, sicher und deutlich zu unterscheiden, bringt man auf die Striche konzentrierte Salpetersäure, welche jene der unechten Legierungen alsbald angreift und in kürzerer oder längerer Zeit meist vollständig auflöst, ohne Hinterlassung irgend eines Rückstandes, was sich besonders nach dem vorsichtigen Absaugen der Säure zeigt.

Bleibt nach dem Angriffe der Salpetersäure ein brauner Rückstand oder wird der Strich überhaupt nicht angegriffen, so liegt eine Goldlegierung vor, deren Goldgehalt nach den folgenden Angaben annähernd ermittelt werden kann.

Die Bestimmung des Feingehaltes von farbigen Goldlegierungen.

Eine beiläufige Schätzung des Feingehaltes der farbigen Goldlegierungen kann, wie bereits angedeutet, mit den Goldprüfsäuren allein ohne Anwendung von Probiernadeln erfolgen, mit Berücksichtigung der Grenzwerte der Einwirkung der verschiedenen Probiersäuren auf die Striche der Goldlegierungen.

Die Goldprobiersäuren.

Zur Prüfung der Feingehalte von Goldlegierungen werden folgende Probiersäuren benutzt:

Die Probiersäure für 8karätiges Gold besteht aus gleichen Volumteilen konzentrierter Salpetersäure und Wasser, z. B. 20 cm³ Salpetersäure und 20 cm³ Wasser; sie greift die Striche von Goldlegierungen mit bis zu ungefähr 400 Tausendteilen Feingehalt an.

Die konzentrierte Salpetersäure greift die Striche von Legierungen mit bis zu ungefähr 500 Tausendteilen Goldgehalt an.

Die Probiersäure für 14karätiges Gold wird verschieden hergestellt, je nachdem eine langsame oder rasche Einwirkung derselben auf die Striche der Legierungen gewünscht wird und ob nur beiläufige oder möglichst genaue Ergebnisse erzielt werden sollen. Eine häufig gebrauchte Probiersäure besteht aus 30 cm³ konzentrierter Salpetersäure, 0,5 cm³ konzentrierter Salzsäure und 70 cm³ Wasser.

Die Probierer ändern die Stärke und Wirkungsweise dieser Probiersäure durch vorsichtigen Zusatz von Wasser, Salpetersäure oder Prüfsäure für 18 karätiges Gold häufig nach eigenem Belieben und ihrer Erfahrung ab. Sie wirkt auf die Striche von Goldlegierungen bis zu ungefähr 620 Tausendteilen Goldgehalt ein und dient am häufigsten zur Untersuchung des wichtigen international angewendeten Feingehaltes von 14 Karat ($583^1/_3$ Tausendteile).

Die Probiersäure für 18 karätiges Gold besteht aus: 40 cm³ konzentrierter Salpetersäure, 1 cm³ konzentrierter Salzsäure und 15 cm³ Wasser.

Ihr Angriff reicht bis ungefähr 850 Tausendteile Goldgehalt; sie ist die wichtigste aller Probiersäuren und dient auch zur Erkennung einiger Edelmetalle und ihrer Legierungen.

Bei den Probiersäuren für 14- und 18 karätiges Gold werden von manchen Probierern statt Salzsäure kleine Mengen von Kochsalz zugesetzt.

Da die Strichprobe bereits bei Goldgehalten von über ungefähr 800 Tausendteilen nur mehr größere Unterschiede bei den Goldgehalten verschiedener Legierungen anzeigt, also eine bedeutend geringere Genauigkeit als bei niedrigeren Goldgehalten (z. B. 583 Tausendteilen) besitzt, und bei Goldgehalten von mehr als ungefähr 920 Tausendteilen die Anwendbarkeit der Strichprobe wegen der Nichtstreichbarkeit dieser Legierungen überhaupt aufhört, sind weitere Probiersäuren für über ungefähr 850 Tausendteile betragende Goldgehalte nicht erforderlich.

Die Probiersäuren sollen nur langsam, erst nach $^1/_2$—1 Minute auf die Striche der entsprechenden Legierungen und Nadeln einwirken, da bei raschen Angriffen kleine Unterschiede in den Goldgehalten nicht beobachtbar sind; hierbei ist auch die jeweilige Temperatur des Arbeitsraumes von Einfluß, da die Säuren die Striche bei höherer Temperatur, z. B. im Sommer, rascher und stärker als bei niederen Temperaturen angreifen. Man erhitzt wohl auch mitunter Probiersäuren oder den Probierstein, damit eine Säure noch höhere Goldgehalte angreift als bei gewöhnlicher Temperatur.

Das manchmal angegebene Verstärken von Probiersäuren auf
den Strichen selbst durch Zusatz stärkerer Probiersäuren oder
durch einige Körnchen Kochsalz bewirkt stets ungleichmäßige
fleckige Angriffe, welche zur Beurteilung von Feingehaltsunter-
schieden ungeeignet sind, und ist daher nicht zu empfehlen.

Die Goldprobiernadeln.

Bei der Goldstrichprobe sind zwei Beilegierungsmetalle, Silber
und Kupfer, zu berücksichtigen, welche entweder allein oder beide
gleichzeitig in den verschiedensten Mengenverhältnissen anwesend
sein können, wodurch sich eine größere Anzahl von Probiernadeln
ergibt.

Für Einlösungszwecke sind 3—5 Serien von Nadeln üblich,
meistens mit von 1 zu 1 Karat (41,6 Tausendteile) oder von 50 zu
50 Tausendteilen steigenden Goldgehalten, zwischen 250 und 900
Tausendteilen Gold mit folgenden Beilegierungsverhältnissen:

Eine Serie Nadeln nur mit Silber allein legiert, eine zweite nur
mit Kupfer allein legiert, eine dritte mit je gleichen Teilen Silber
und Kupfer, eine vierte mit Silber und Kupfer in dem Verhältnis
1:2 und eine fünfte in dem Verhältnis 2:1, z. B.:

1. Serie [nur Silber]	2. Serie [nur Kupfer]	3. Serie [1 : 1]	4. Serie [1 : 2]	5. Serie [2 : 1]
250 Gold 750 Silber	250 Gold 750 Kupfer	250 Gold 375 Silber 375 Kupfer	250 Gold 250 Silber 500 Kupfer	250 Gold 500 Silber 250 Kupfer
300 Gold 700 Silber	300 Gold 700 Kupfer	300 Gold 350 Silber 350 Kupfer	300 Gold 233 Silber 467 Kupfer	300 Gold 467 Silber 233 Kupfer
350 Gold 650 Silber	350 Gold 650 Kupfer	350 Gold 325 Silber 325 Kupfer	350 Gold 217 Silber 433 Kupfer	350 Gold 433 Silber 217 Kupfer
		und so weiter bis		
900 Gold 100 Silber	900 Gold 100 Kupfer	900 Gold 50 Silber 50 Kupfer	900 Gold 33 Silber 67 Kupfer	900 Gold 67 Silber 33 Kupfer

Bei von 50 zu 50 Tausendteilen steigenden Goldgehalten zwischen 250 und 900 Tausendteilen ergeben sich bei 3 Serien 42 Nadeln, bei 5 Serien 70 Nadeln.

Für die Untersuchung geringhaltiger Goldlegierungen sind oft
noch ebenfalls je 3—5 Nadeln mit den Goldgehalten von 100, 150

und 200 Tausendteilen in diesen Karatierungsverhältnissen vorhanden.

Bei der Prüfung einzelner oft verwendeter Goldfeingehalte, wie z. B. 333 und 585 Tausendteile, sind, wenn die Goldgehalte nicht von Karat zu Karat, sondern von 50 zu 50 Tausendteilen steigen, eigene einzelne Nadeln erforderlich. Für den am häufigsten in der Schmuckwarenindustrie verwendeten Feingehalt von 14 Karat oder 585 Tausendteilen (genauer $583^1/_3$) sind mitunter zur möglichst annähernden Ermittlung desselben bedeutend mehr Nadeln in Verwendung als bei anderen Feingehalten. Dies ist darin begründet, daß erfahrungsgemäß bei den zwischen ungefähr 500 und 700 Tausendteilen liegenden Goldgehalten die kleinsten Unterschiede in der Zusammensetzung der Legierungen an der Farbe der Striche am Stein beobachtbar sind. Es ergeben sich, wenn bei den Nadeln mit gemischter Karatierung die Mengen von Silber und Kupfer sich durchschnittlich je um 50 Tausendteile verändern, ab- oder zunehmen, 7 Nadeln für diesen Goldgehalt, welche sich durch die Farben ihrer Striche am Stein deutlich voneinander unterscheiden, und mit den 2 Nadeln mit nur Silber- bzw. nur Kupferzusatz zusammen 9 Nadeln von folgender Zusammensetzung:

Gold	585	585	585	585	585	585	585	585	585
Silber . . .	415	365	315	265	208	150	100	50	—
Kupfer . . .	—	50	100	150	207	265	315	365	415

Diese große Anzahl von Nadeln ermöglicht es, bei der Prüfung dieses Feingehaltes stets eine der Farbe des Striches der unbekannten ungefähr 14karätigen Legierung möglichst gleiche Nadel auswählen und anwenden zu können.

Zur beiläufigen Ermittlung der Feingehalte von Goldlegierungen dienen auch, ähnlich wie bei den Silberlegierungen, die Probiersterne, z. B. mit den Goldgehalten 8, 10, 12, 14 und 18 Karat.

Zur Feingehaltsermittlung von unbekannten farbigen Goldlegierungen untersuche man zuerst einen Strich der Legierung mit konzentrierter Salpetersäure bzw. mit der Probiersäure für 18-karätiges Gold, ob derselbe unter oder über ungefähr 500 Tausendteilen liegt, oder ob er beiläufig 14- oder 18karätig oder noch höher ist, was man bei einiger Erfahrung auch bereits an der Farbe des Striches abschätzen kann. Dann erzeuge man mit der Legierung einen breiten, gleichmäßig stark geführten Strich am Steine und verfahre in der bereits S. 3 angegebenen Art und Weise.

Die kleinsten Unterschiede, welche bei den Feingehalten von Goldlegierungen noch deutlich beobachtbar sind, betragen ungefähr 5 Tausendteile ($^1/_2$%) und sind bei den zwischen ungefähr 500 und 700 Tausendteilen liegenden Feingehalten der gemischten Karatierung feststellbar; über und unter diesen Gehalten werden die bemerkbaren Unterschiede aber erheblich größer und betragen z. B. bei den 6karätigen (250 Tausendteile feinen) Goldlegierungen bereits wenigstens 10 Tausendteile. Solche Ergebnisse sind selbstverständlich nur dann erhältlich, wenn die Legierungen und die bei der Prüfung verwendeten Probiernadeln dieselbe Beilegierung besitzen. Die Abb. 1 (S. 2) zeigt als Beispiel den Unterschied von 5 Tausendteilen Goldgehalt, mit einer langsam wirkenden Probiersäure für 14karätiges Gold bei den Strichen von 2 Legierungen mit 585 und 580 Tausendteilen Goldgehalt mit sonst gleicher Beilegierung erzeugt.

Manche Probierer schmelzen bei der Einlösung von Goldlegierungen mit hohen Feingehalten das zu untersuchende Material mit so viel Kupfer oder einer Kupferlegierung zusammen, daß der Goldgehalt des erhaltenen Schmelzstückes zwischen ungefähr 500 und 700 Tausendteilen liegt, weil bei diesen Feingehalten, wie erwähnt, die Strichprobe durchschnittlich die besten Ergebnisse liefert.

Bei der Durchführung von Goldstrichproben sind einige Umstände zu beachten, die auf die Genauigkeit derselben von Einfluß sind.

Wartet man zu lange mit dem Absaugen der Probiersäure nach erfolgtem Angriff, so greift die Säure stärker an, die Striche färben sich dunkel und die während der Einwirkung der Säure bereits beobachteten Unterschiede verschwinden wieder. In solchen Fällen wiederholt man den Säureangriff vorsichtiger auf einer anderen Stelle der Striche.

Nach dem Entfernen der Probiersäuren von den Strichen dunkeln diese vielfach nach, wobei auch Anlauffarben auftreten können; dies geschieht besonders bei kupferreichen Legierungen, oder wenn dieselben Zink enthalten, was z. B. bei Gußgold häufig der Fall ist.

Bei der Einwirkung von Probiersäuren auf Goldkupferlegierungen (Rotgoldlegierungen) mit großen Kupfergehalten tritt eine starke Entwicklung von Gasbläschen am Strich auf, desgleichen bei großen Zinkgehalten, und bei vielen Weißgoldlegierungen mit unter ungefähr 670 Tausendteile betragenden Goldgehalten und Nickel als entfärbendes Beilegierungsmetall enthaltend. Da der Angriff der Säuren erst mit dem Aufhören der Gasblasenentwicklung beendigt ist, warte man bei Strichproben für Feingehaltsermittlungen in solchen Fällen mit dem Absaugen der Säure diesen Zeitpunkt ab.

Bei der Untersuchung höherer, über ungefähr 700 Tausendteile betragender Goldfeingehalte treten die Unterschiede zwischen verschiedenen Goldgehalten oft erst dann deutlicher hervor, wenn man die betreffende Prüfsäure (die Probiersäure für 18 karätiges Gold) länger als gewöhnlich üblich auf die Striche einwirken läßt, die Säure absaugt und die Striche trocknen läßt; die entstehenden Anlauffarben zeigen die Feingehaltsunterschiede meist besser als sie in der Säure während des Angriffes derselben beobachtbar sind.

Bei Legierungen mit über ungefähr 500 Tausendteilen Goldgehalt ist man gezwungen, zur Untersuchung derselben salzsäurehaltige Probiersäuren zu verwenden, nämlich jene für 14- oder 18 karätiges Gold. Enthält nun eine solche Legierung erhebliche Mengen Silber, so entsteht beim Angriff am Strich ein der vorhandenen Silbermenge entsprechender Niederschlag (Chlorsilber), welcher nach dem Absaugen der Säure als Rückstand am Strich zurückbleibt. Dieser muß, wenn Nadel und Legierung gleich zusammengesetzt sind, auf den Strichen derselben ebenfalls vollkommen gleich sein. Man kann diese Niederschläge rasch, vollständig und leicht von den Strichen entfernen, wenn man auf dieselben Ammoniak bringt, welches die Niederschläge sofort löst und wieder abgesaugt wird. Auch viele Anlauffarben der Striche werden dadurch entfernt, das Ammoniak dient also hier zur Reinigung der Angriffe, welche dann besser beurteilt werden können.

Über die Größe des Unterschiedes der Angriffe der Striche von Goldlegierungen durch die Probiersäuren bei Differenzen von ungefähr 10, 20, 50 oder 100 Tausendteilen bei verschiedenen Goldgehalten orientiere man sich durch Versuche mit Goldprobiernadeln von entsprechenden Goldgehalten, welche man auch zur Prüfung von frisch bereiteten oder fremden Probiersäuren auf ihre Wirksamkeit und Empfindlichkeit verwendet.

Bei der Feststellung des Feingehaltes einer Goldlegierung, z. B. für Einlösungszwecke, begnüge man sich besonders bei hohen Goldgehalten nicht mit der anscheinenden Gleichheit des Angriffes der Striche der Legierung und einer Probiernadel, sondern man ermittle durch deutliche Angriffe von Probiersäuren unter Benützung entsprechender Probiernadeln, daß der Goldgehalt der Legierung schlechter als der Gehalt einer und besser als jener einer anderen Nadel ist, der Goldgehalt der fraglichen Legierung also zahlenmäßig nach oben und unten sicher abgegrenzt wird, um Irrtümer oder unrichtige, besonders zu hohe Schätzungen zu vermeiden.

Werden außer Kupfer und Silber noch andere Metalle in erheblicher Menge als Beilegierung für Goldlegierungen verwendet, so besitzen diese meistens Farben, welche von jenen der Goldsilberkupferlegierungen derart abweichen, daß keine Probiernadel in der Farbe der Striche zu jenen der Legierungen paßt. Stimmt also keine Probiernadel in der Strichfarbe mit jener einer unbekannten Legierung annähernd überein, so kann man annehmen, daß diese Legierung noch ein anderes Metall als Kupfer oder Silber enthält; die Strichprobe ergibt dann in vielen Fällen derart abweichende unrichtige Ergebnisse, daß es besser ist, auf die Anwendung der Strichprobe zu Feingehaltsermittlungen unter diesen Umständen zu verzichten.

Von solchen Beilegierungsmetallen wird in neuerer Zeit besonders das Zink in größeren Mengen (z. B. 100 Tausendteilen = 10%) verwendet, welches die Angriffe der Striche einer derartigen Legierung bei der Behandlung mit entsprechenden Probiersäuren im Vergleich zu einer ähnlich gefärbten Probiernadel sehr bedeutend verschlechtert, den Goldgehalt derselben also viel zu niedrig erscheinen läßt. Der mit der Probiersäure für 14 karätiges Gold behandelte Strich nimmt schon während der Einwirkung der Säure eine auffallend rote Farbe an, welche auch nach dem Entfernen der Säure bleibt. Diese Legierungen sind meist silberfrei oder sehr silberarm, obwohl sie nach ihren Farben erhebliche Mengen Silber enthalten sollten. Der Mangel des Silbers ist auch am Striche der Legierung durch Behandlung mit der erwähnten Probiersäure bemerkbar, da sich am Striche einer der Farbe nach ähnlichen Goldprobiernadel beim Angriff der Säure alsbald der entsprechende Silberniederschlag ausscheidet, am Striche der Legierung aber nicht. Diese zwei Umstände sind daher Zeichen, daß die betreffende Legierung ein ungewöhnliches Beilegierungsmetall enthält, und es ist in diesen Fällen nicht möglich, den Goldfeingehalt der Legierung in der gewöhnlichen Weise durch die Strichprobe annähernd zu ermitteln.

Von Metallen, welche als Beilegierung den Strich der Goldlegierungen verbessern, sei das Platin erwähnt, welches schon in kleinen Mengen, meist als unabsichtliche zufällige Beimengung, den Feingehalt der betreffenden Goldlegierung nach der Strichprobe höher beurteilen läßt als er tatsächlich ist. In nicht zu geringen Mengen vorhanden, bewirkt das Platin auch eine merklich blässere Farbe der Legierung, als eine platinfreie Legierung mit demselben Goldgehalt und analoger reiner Kupfersilberbeilegierung besitzt.

Manche Probierer verwenden so verdünnte Probiersäuren, daß diese erst nach ungefähr 10—15 Minuten auf die Striche der Legierungen einwirken.

Eine gegenwärtig nur mehr selten übliche Abänderung der Ausführung der Goldstrichprobe besteht darin, die zum Angriff der Striche verwendete Probiersäure nach erfolgtem Angriff nicht mit einem Filtrierpapier abzusaugen, sondern mittels eines Haarpinsels von etwa 1 cm Haarlänge, den man in ein kleines bereitstehendes Gefäß mit Wasser taucht, so viel Wasser zu der auf den Strichen befindlichen Probiersäure zu geben, daß diese dadurch stark verdünnt wird und jede weitere Einwirkung der Säure auf die Striche aufhört.

Es genügt dazu, der Probiersäure am Stein möglichst auf einmal ungefähr die gleiche Menge Wasser zuzusetzen, so daß die Säure auf das Doppelte ihres Volumens verdünnt wird. Die auf den Strichen beliebig lange stehen bleibende Flüssigkeit erhält den Angriff unverändert, da sie das Auftreten jeder Anlauffarbe und das Nachdunkeln der Striche verhindert.

Die Strichprobe der Weißgoldlegierungen.

Der seit Anfang der neunziger Jahre des vorigen Jahrhunderts fast stetig ansteigende Preis des Platins veranlaßte die Industrie, nach billigeren geeigneten Ersatzlegierungen zu suchen; für die Schmuckwarenerzeugung wurden solche in den Weißgoldlegierungen gefunden.

Diese nahmen im Jahre 1912 von Pforzheim ihren Ausgang. In diesem Jahre brachten zwei Pforzheimer Legier- und Scheideanstalten die ersten Weißgoldlegierungen in den Handel, und zwar erreichte die Firma C. Hafner die Entfärbung des Goldes durch Beilegierung von nur unedlen Metallen (hauptsächlich Nickel), während die Firma Dr. Richter & Co. für diesen Zweck den Zusatz von Platinmetallen (besonders Palladium) neben unedlen Metallen verwendete (Marke Dorico).

Die zuerst erzeugten Weißgoldlegierungen besaßen einen ziemlich hohen Goldgehalt, 750—800 Tausendteile, doch gelang es bald, auch 14karätige Weißgoldlegierungen mit allen für die Verarbeitung erforderlichen Eigenschaften herzustellen. Seit längerer Zeit sind gut verwendbare Weißgoldlegierungen mit schöner platinähnlicher Farbe in allen gewünschten Feingehalten von 8—20 Karat (333—833 Tausendteile) im Handel erhältlich, für zahntechnische Zwecke auch 22karätig (916 Tausendteile fein).

Die Weißgoldlegierungen sind sehr verschieden zusammengesetzt; manche bestehen nur aus Edelmetallen, wie z. B. eine Platino genannte Legierung aus 890 Tausendteilen Gold und 110 Tausendteilen Platin, oder die unter dem Namen Albador bekannten amerikanischen Weißgolde mit 750 bzw. 585 Tausendteilen Goldgehalt, welche in Europa von der Firma W. C. Heraeus in Hanau erzeugt und in den Handel gebracht werden.

Viele Weißgoldsorten sind silberfrei, doch enthalten auch eine Anzahl derselben erhebliche Mengen Silber; die gewöhnlichen billigen Weißgoldlegierungen besitzen außer beträchtlichen Mengen von Nickel und Kupfer meist noch einen bedeutenden Zusatz von Zink. Auch ein kleiner Mangangehalt kommt in einigen dieser Legierungen vor, welcher aus technischen Gründen bei der Herstellung zugesetzt wird.

Die meisten Weißgoldlegierungen sind schwer umschmelzbar, manche nur unter Beachtung besonderer Anleitungen; die Erzeugung derselben ist schwieriger als jene der Goldsilberkupferlegierungen und erfolgt meistens in Legieranstalten. Die Beilegierung mancher Sorten ist jedoch auch, ähnlich wie bei den farbigen Goldlegierungen, gebrauchsfertig im Handel zu haben und braucht nur mit der entsprechenden Menge Feingold zusammengeschmolzen zu werden.

Die Nickel enthaltenden Weißgoldlegierungen sind je nach der vorhandenen größeren oder kleineren Menge dieses Metalles sämtlich stärker oder schwächer magnetisch.

Der sehr verschiedene Preis der zwei hauptsächlich zur Entfärbung des Goldes verwendeten Metalle Palladium und Nickel bedingt neben dem Goldgehalt die oft ziemlich bedeutenden Preisdifferenzen bei den diversen Weißgoldgattungen; manche derselben enthalten bis zu 20% Palladium.

Die Weißgoldlegierungen sind vielfach unter besonderen Markenbezeichnungen im Handel, wie z. B. Albador, Auralbin, Degussa, Dorico, Esbeco, Kaplago, Kawisgo, Osmior, Palorium, Saxonia, Sumax usw.; die Namen und Zusammensetzungen einiger derselben sind gesetzlich geschützt.

Die Erkennung der Weißgoldlegierungen.

Die Weißgoldlegierungen verhalten sich je nach ihren Goldgehalten und ihrer sonstigen Zusammensetzung zu den Goldprobiersäuren sehr verschieden.

Die Probiersäure für 18karätiges Gold greift die Striche der meisten Weißgoldlegierungen an, und zwar tritt bei Goldgehalten von ungefähr 650 Tausendteilen aufwärts je nach der Art der Beilegierung bald eine deutliche gelbliche, grünliche oder gelblichgrüne Färbung der farblosen Säure am Strich auf. Diese Färbungen werden vielfach als zur Erkennung von Weißgoldlegierungen mit höheren Goldgehalten hinreichend genügend erachtet; von diesen Goldgehalten kommen besonders die Gehalte 750, 800 und 840 Tausendteile häufig im Handel vor.

Nach dem Entfernen der Probiersäure vom Striche der Legierung durch Absaugen mit Filtrierpapier hinterbleibt keine Färbung, der Strich ist nur je nach dem Goldgehalte und der Einwirkungsdauer der Säure stärker oder schwächer dunkler, grauschwarz, geworden.

Sehr auffällig und wichtig ist das Verhalten der Striche von der Mehrzahl der gegenwärtig im Handel befindlichen Weißgoldlegierungen mit Goldgehalten unter ungefähr 650 Tausendteilen zu der erwähnten Probiersäure. Sie färbt die Striche dieser Legierungen sofort dunkelrot, und zwar um so rascher und dunkler, je niedriger der Goldgehalt derselben ist. Diese rote Färbung wird schöner und lichter erhalten, wenn man Probiersäuren verwendet, welche die Striche der Legierungen nur langsam angreifen, wie bei Goldgehalten unter ungefähr 500 Tausendteilen konzentrierte Salpetersäure oder die Probiersäure für 8karätiges Gold, und bei solchen über 500 bis ungefähr 650 Tausendteilen die Probiersäure für 14karätiges Gold.

Das Entstehen dieser roten Färbung auf den Strichen durch eine der angeführten Goldprüfsäuren ist durchaus nur für Weißgoldlegierungen von unter ungefähr 650 Tausendteilen liegenden Goldgehalten charakteristisch und zum Nachweis derselben vollkommen ausreichend.

Die rote Farbe der Striche wird durch Ammoniak nicht verändert.

Bei langsamer Einwirkung einer Probiersäure auf die Striche dieser Legierungen entwickeln sich alsbald an der mit der Säure bedeckten Stelle des Striches zahlreiche Gasbläschen; erst nach vollständigem Verschwinden derselben ist der Angriff so weit beendigt, daß die Säure abgesaugt werden und eine Beurteilung des gefärbten Rückstandes erfolgen kann.

Die rote Färbung wird auch durch die rote Silberprobiersäure hervorgerufen, besonders wenn diese jene schwärzlichrote Farbe besitzt, die sie einige Zeit nach ihrer Herstellung annimmt.

Es gibt jedoch auch Weißgoldlegierungen mit unter ungefähr 650 Tausendteilen liegenden Goldgehalten, z. B. 14karätige, deren Striche mit keiner der früher erwähnten Goldprobiersäuren oder mit der roten Silberprobiersäure eine rote Färbung erzeugen, sondern nur wie die meisten Weißgoldlegierungen mit höheren Goldgehalten die farblose Probiersäure für 18karätiges Gold licht braungelb färben; die Striche solcher 14karätigen Legierungen werden von der Probiersäure für 14karätiges Gold häufig nicht angegriffen. Es handelt sich in solchen Fällen hauptsächlich um Weißgoldlegierungen mit größeren Gehalten von Platinmetallen.

Der Nachweis des Goldes in hochprozentigen Weißgoldlegierungen.

Bei der Untersuchung von zur Herstellung von Schmuckgeräten verwendeten Weißgoldlegierungen mit höheren Goldgehalten als ungefähr 650 Tausendteile begnügt man sich zur Erkennung derselben als Goldlegierungen meistens mit der Art der Einwirkung der Probiersäure für 18karätiges Gold auf die Striche der Legierungen, mit dem mehr oder weniger starken Angriff der Säure und der dabei gleichzeitig auftretenden gelblichen oder gelblichgrünen Färbung. Da es jedoch auch Legierungen aus unedlen Metallen gibt, welche ähnliche Farben und ein ähnliches Verhalten zu der erwähnten Probiersäure aufweisen, ist es bei der Prüfung von unbekannten, beliebig zusammengesetzten Schmelzstücken u. dgl., oder bei Halbfabrikaten, wie Draht, Blech, bei technischen Geräten usw. mitunter in Zweifelsfällen erwünscht, sich auf eine deutlichere und sichere Art und Weise davon zu überzeugen, ob eine vorliegende graue Legierung tatsächlich eine Goldlegierung ist.

Die durch die sogenannte Jodprobe (siehe S. 50) auf den Strichen von Weißgoldlegierungen erzeugten dunklen Färbungen sind nicht als Nach-

weis von Gold zu betrachten, da dieselben auch auf ähnlich gefärbten gold-
freien Palladiumlegierungen und vielen Legierungen aus unedlen Metallen
entstehen; die Jodprobe dient überhaupt nur zur Unterscheidung grau-
gefärbter Legierungen von Platin und hochprozentigen Platinlegierungen,
ohne nähere Aufschlüsse über die als Nichtplatin erkannten Legierungen
zu geben.

Bisher ist noch kein Nachweis des Goldes als charakteristische Färbung
einer Lösung oder als Niederschlag bekannt geworden, welcher bei Gegenwart beliebiger unedler und edler Metalle und konzentrierter Säuren so
leicht und einfach am Strich ausführbar wäre wie die entsprechenden Nachweise des Silbers und des Palladiums.

Bis zur eventuellen Auffindung eines analogen Nachweises des Goldes
kann die allenfalls gewünschte Erkennung desselben in grauen Legierungen
zwar nicht in allen, aber immerhin in einigen Fällen in folgender Weise
geschehen.

Man benötigt zum Nachweis eine Lösung von etwa 0,2 g Rhodan-
ammonium oder Rhodankalium in 50 cm³ Wasser, welche kurz als R h o d a n -
s a l z l ö s u n g bezeichnet werden soll; man bewahrt sie zweckmäßig wie die
Probiersäuren in einem Säurefläschchen mit eingeriebenem Stiftstöpsel auf.
Die Lösung ist sehr lange haltbar und wirksam. Die weißen Kristalle des
Salzes müssen in sehr dicht verschließbaren Gläsern aufbewahrt werden,
da sie sonst aus der Luft Feuchtigkeit anziehen und zerfließen.

Die Erkennung des Goldes beruht darauf, daß die Rhodansalzlösung
in einer durch eine starke Probiersäure erzeugten Goldlösung einen dichten
gelben bis gelbroten Niederschlag erzeugt. Da das Palladium unter denselben Verhältnissen einen ähnlich gefärbten Niederschlag bildet, ist dieser
Goldnachweis n u r b e i A b w e s e n h e i t v o n P a l l a d i u m durchführbar.
Man stellt daher zuerst fest, ob in dem zu prüfenden Striche einer Legierung
Palladium in nachweisbarer Menge enthalten ist oder nicht, indem man
auf den Strich einige Tropfen Platinprobiersäure (siehe S. 52) bringt und
kurze Zeit einwirken läßt. Wird der Strich von dieser Probiersäure stark
angegriffen oder gelöst, ohne daß sich ein roter oder gelbroter Niederschlag
ausscheidet, so ist kein Palladium oder wenigstens nicht in erheblicher
störender Menge vorhanden, und der Goldnachweis ist anwendbar.

Man bringt 2—3 Tropfen der Probiersäure für 18 karätiges Gold auf
den Strich und verteilt sie mit dem Stiftstöpsel auf demselben, so daß sie
eine größere Fläche des Striches in dünner Schichte bedeckt, und läßt sie
solange einwirken, bis dieser deutlich und stark angegriffen wird, wobei
sich die farblose Säure meist gelblich oder gelblichgrün färbt. Gibt man
dann einige Tropfen der Rhodansalzlösung zu, so entsteht bei Gegenwart
von Gold ein dichter Niederschlag, der je nach der Menge des vorhandenen
Goldes und der sonstigen Zusammensetzung der Legierung gelb bis gelbrot
gefärbt ist; nach einiger Zeit wird derselbe schmutzigweiß.

Unter den angegebenen Verhältnissen kann die Bildung dieses Niederschlages nur von der Gegenwart von Gold herrühren und bildet einen
sicheren und deutlichen Nachweis dieses Edelmetalles.

Greift die Probiersäure für 18 karätiges Gold den Strich einer Legierung nur schwach oder gar nicht an, so bringe man einen Tropfen der Unterscheidungssäure (siehe S. 50) auf den Strich, verteile ihn in dünner Schichte auf demselben, lasse ihn stark einwirken, setze 2—3 Tropfen der Probiersäure für 18karätiges Gold zu und dann erst 3—4 Tropfen der Rhodansalzlösung.

Würde man nur die Unterscheidungssäure allein zum Angriffe des Striches einer Legierung verwenden, so entsteht auch bei großen Mengen von Gold mit der Rhodansalzlösung kein Niederschlag, da diese starke Mischung von konzentrierten Säuren die Rhodansalzlösung zersetzt und dadurch die Entstehung des Goldniederschlages verhindert. Die Bildung dieses Niederschlages erfolgt am besten in der Probiersäure für 18karätiges Gold.

Entstand bei der Prüfung des Striches einer Legierung auf Palladium mit der Platinprobiersäure ein roter oder gelbroter Niederschlag, so ist Palladium vorhanden, und dieser Nachweis des Goldes ist dann nicht anwendbar.

Die Rhodansalzlösung gibt mit Silberlösungen einen weißen Niederschlag; bei der Einwirkung der Probiersäure für 18karätiges Gold auf die Striche von Weißgoldlegierungen scheiden sich eventuell vorhandene Silbermengen bereits während des Angriffes der Säure als auf den Strichen festhaftende Niederschläge aus, so daß die auf den Strichen befindliche Probiersäure nach dem Angriff kein Silber mehr enthält, die Rhodansalzlösung also keinen Silberniederschlag ausscheiden kann.

Starke konzentrierte Rhodansalzlösungen, z. B. 10 g des Salzes in 50 cm³ Wasser gelöst, sind für den Nachweis des Goldes nicht verwendbar; derartige Lösungen werden durch die zum Angriff des Striches benutzte Probiersäure für 18karätiges Gold nach wenigen Augenblicken der gegenseitigen Einwirkung unter sehr heftiger Gasentwicklung vollständig zersetzt.

Über den eventuellen Nachweis des Palladiums mit der Rhodansalzlösung vgl. S. 64.

Die Feingehaltsbestimmung von Weißgoldlegierungen.

Die Strichprobe ermöglicht die Ermittlung des Feingehaltes der Weißgoldlegierungen im allgemeinen nicht mit derselben annähernden Genauigkeit wie bei den farbigen Goldlegierungen. Durch Behandlung der Striche von Weißgoldlegierungen, deren Beilegierung aus denselben Metallen in denselben Mengenverhältnissen besteht, mit den entsprechenden langsam einwirkenden Goldprüfsäuren erhält man wohl ähnliche Resultate wie bei den farbigen Goldlegierungen; nur ist man bei der Untersuchung unbekannter Weißgoldlegierungen viel weniger in der Lage, die für die Durchführung einer Strichprobe mit annähernd richtigem Ergebnis erforderlichen günstigen Bedingungen so herbeizuführen wie bei den Goldsilberkupferlegierungen.

Sämtliche Weißgoldlegierungen aller Feingehalte, von 333—916 Tausendteilen, besitzen ungeachtet ihrer oft sehr verschiedenen Zusammensetzung nur wenig voneinander abweichende grauweiße Farben, so daß sich aus diesen gar kein Anhaltspunkt zur Schätzung des Goldgehaltes oder der Art der sonstigen Zusammensetzung dieser Legierungen ergibt; die Möglichkeit der Auswahl einer Probiernadel nach der Farbe der Legierungen, wie sie bei den Goldsilberkupferlegierungen besteht und daselbst als unerläßliche Vorbedingung für die Durchführung der Strichprobe gilt, ist also bei der Untersuchung unbekannter Weißgoldlegierungen nicht gegeben.

Zur Beurteilung des Goldgehaltes dieser Legierungen bleibt daher nur das Verhalten der Striche derselben zu den Goldprobiersäuren übrig, die Beobachtung der verschiedenen Angreifbarkeit durch dieselben. Das Verhalten der Goldlegierungen zu den Prüfsäuren ist aber bekanntlich nicht allein vom Goldgehalte derselben, sondern auch von der vorhandenen Karatierung, der Art und den Mengen der sonstigen beilegierten unedlen oder edlen Metalle abhängig.

Verwendet man bei der Ermittlung des Goldgehaltes von Weißgoldlegierungen mittels der Strichprobe Probiernadeln aus Weißgold, welche, wie dies bei unbekannten Weißgoldlegierungen meistens der Fall ist, eine anders zusammengesetzte Beilegierung wie die zu untersuchenden Legierungen besitzen, so ist die Art der Einwirkung der Probiersäuren nicht mehr in jenen Grenzen für den Goldgehalt maßgebend, wie man sie bei der Strichprobe der farbigen Goldlegierungen durchschnittlich besitzt. Es können sich demnach beträchtliche Abweichungen der Ergebnisse der Strichprobe bei den Weißgoldlegierungen unter Benutzung von Weißgoldprobiernadeln von den tatsächlichen Goldgehalten der Legierungen ergeben, wenn bei zufällig gleichem Goldgehalt der Probiernadel und der unbekannten Legierung die Beilegierungsmetalle der zwei Legierungen verschieden sind, oder auch bei zufällig gleichen Beilegierungsmetallen die Mengenverhältnisse derselben in der Nadel und der Legierung wesentlich voneinander abweichen. Es können auch daher Weißgoldlegierungen mit verschiedenen Goldgehalten und verschiedenen Beilegierungsmetallen, oder mit denselben Beilegierungsmetallen in verschiedenen Mengenverhältnissen, sich zu den Probiersäuren zufällig gleich verhalten, wodurch die Strichprobe bei der unbekannten Legierung einen möglicherweise erheblich unrichtigen Goldgehalt ergeben würde.

In allen diesen Fällen kann der Goldgehalt einer Weißgoldlegierung sowohl zu hoch oder auch zu niedrig gefunden werden.

Die Anwendung von Probiernadeln bei der Strichprobe der Weißgoldlegierungen hat daher nur eine viel geringere Bedeutung wie bei den Goldsilberkupferlegierungen; auch eine große Anzahl von Weißgoldnadeln aus den verschiedenen im Handel befindlichen Legierungen dieser Art würde in dieser Beziehung nicht viel nützen, da man die der unbekannten Zusammensetzung der zu prüfenden Legierung entsprechende Nadel nicht aussuchen und anwenden kann.

Zur beiläufigen Vergleichung der beim Angriffe der Striche von Weißgoldlegierungen mit den Goldprüfsäuren entstehenden Färbungen und der Stärke der Angreifbarkeit genügen im allgemeinen vier Probiernadeln als Vertreter der zwei großen Haupttypen dieser Legierungen in den am meisten verwendeten Feingehalten, nämlich zwei Probiernadeln mit den Goldgehalten 750 und 585 und Palladiumzusatz als hauptsächliches Entfärbungsmittel des Goldes, und zwei Nadeln mit denselben Goldgehalten und vorherrschendem Nickelgehalt zur Entfärbung.

Es sind mitunter sehr große Unterschiede im Goldgehalte verschieden zusammengesetzter Weißgoldlegierungen durch die Strichprobe am Stein nicht feststellbar, aber auch z. B., wie bereits erwähnt, besonders bei den ungefähr 14karätigen Weißgoldlegierungen bei zufällig annähernd gleicher Beilegierung der Nadel und des zu prüfenden Materials nur geringe Differenzen bei den Goldgehalten derselben beobachtbar. Man kann daher bei der Untersuchung unbekannter Weißgoldlegierungen mit Hilfe der Strichprobe nicht mit irgendeiner ziffernmäßig begrenzten Genauigkeit die Goldgehalte derselben ermitteln.

Die mit konzentrierter Salpetersäure oder den Probiersäuren für 8- oder 14karätiges Gold bei Weißgoldlegierungen mit unter ungefähr 650 Tausendteilen liegenden Goldgehalten entstehenden roten Färbungen der Striche sind um so heller, je höher der Goldgehalt ist, und werden mit sinkendem Goldgehalt dunkler bis schwarzrot; größere Differenzen der Goldgehalte lassen sich dadurch in vielen Fällen erkennen, besonders wenn die roten Färbungen durch eine nur langsam einwirkende Probiersäure erzeugt werden.

Die Angreifbarkeit der Striche der Weißgoldlegierungen durch die Goldprüfsäuren ist im allgemeinen ähnlich jener der farbigen Goldlegierungen, nämlich bis zu ungefähr 500 Tausendteilen Goldgehalt Angreifbarkeit durch konzentrierte Salpetersäure, bis zu ungefähr 620 Tausendteilen durch die Probiersäure für 14 karätiges Gold und bis zu ungefähr 850 Tausendteilen durch die Probiersäure für 18 karätiges Gold. Eine Ausnahme bilden hierbei jene Weißgoldlegierungen, deren Beilegierung größere Mengen von Platinmetallen enthält.

Es gibt z. B. 14 karätige Weißgoldlegierungen mit Gehalten an Platinmetallen, deren Striche von der Probiersäure für 14-karätiges Gold gar nicht und von der Probiersäure für 18 karätiges Gold weniger und langsamer angegriffen werden als der Strich einer 18 karätigen Weißgoldlegierung mit vorwiegend Nickelgehalt als entfärbenden Zusatz, so daß nach der Einwirkung dieser Probiersäure auf die Striche der Legierungen der Goldgehalt der erwähnten 14 karätigen Weißgoldlegierung sich größer als 18 ka-rätig ergeben würde. Die Goldgehalte derartiger Legierungen sind mit den bisher bei der Strichprobe angewendeten Hilfsmitteln nicht einmal annähernd schätzbar und muß auf die Anwendung der Strichprobe zur Ermittlung derselben in solchen Fällen verzichtet werden.

Die Striche der meisten 14 karatigen Weißgoldlegierungen mit Nickelgehalt als entfärbenden Zusatz werden noch von konzentrierter Salpetersäure merklich schwach angegriffen; die Einwirkung zeigt sich hauptsächlich erst nach dem Absaugen der Säure als lichte rötliche Färbung.

Der in den besseren Qualitäten der Weißgoldlegierungen meist enthaltene Palladiumzusatz kann, wenn er nicht zu gering ist, leicht am Striche der Legierung durch die Platinprobiersäure als roter oder gelbroter Niederschlag erkannt werden.

Die Unterscheidung der Weißgoldlegierungen von ähnlich gefärbten Palladiumlegierungen, von Platin, Platinlegierungen und platinähnlichen unechten Legierungen ist S. 49 u. 74 angegeben.

Die Platinstrichprobe.

Seit dem Anfange dieses Jahrhundertes wird das Platin in ausgedehntem Maße in der Schmuckwarenindustrie verwendet, welcher Umstand den Anlaß gab, die Prüfung des Platins bei der Strichprobe der Edelmetalle zu berücksichtigen.

Das Platin besitzt eine rein graue Farbe, ist härter als Gold und auch etwas schwerer als dieses (spezifisches Gewicht des Goldes 19,3, des Platins 21,4), sehr schwer schmelzbar (Schmelzpunkt 1751° C) und kann nur mit dem Sauerstoffgebläse geschmolzen werden. Es wird von den konzentriertesten Säuren und Säuregemischen in der Kälte nicht angegriffen, auf welcher Eigenschaft die Erkennung des Platins und seine Unterscheidung von platinähnlichen Legierungen beruht.

Zur Herstellung von Schmuckgeräten werden meistens Platinlegierungen verwendet, welche außer Platin noch bis zu ungefähr 10% betragende Gehalte an edlen oder unedlen Metallen besitzen, wie Gold, Palladium, Kupfer, Iridium usw. Man hat es bei der Prüfung von Schmuckwaren aus Platin also meist mit Legierungen von etwa 90—95% Platin zu tun.

Ein Palladiumgehalt von mehr als ungefähr ein Prozent macht die Farbe des Platins heller, weißer, während ein gleicher Gehalt an Iridium eine dunklere Farbe hervorruft.

Der Nachweis des Platins und seine Unterscheidung
von platinähnlichen Legierungen.

Die Erkennung des Platins am Probierstein stützt sich auf die vollständige Unangreifbarkeit der Striche von Platin und hochprozentigen Platinlegierungen bei gewöhnlicher Temperatur von den stärksten bei der Strichprobe verwendeten Säuregemischen.

Die gewöhnlich zur Charakterisierung des Platins benutzte Probiersäure für 18karätiges Gold greift die Striche der meisten platinähnlichen Legierungen, wie Weißgold- und Palladiumlegierungen, und unechten Legierungen bald mehr oder weniger stark an und bewirkt dadurch die Unterscheidung derselben von Platin und hochprozentigen Platinlegierungen; die Striche einiger Legierungen dieser Art werden aber von dieser Prüfsäure in der gewöhnlich üblichen Einwirkungszeit gar nicht oder nur so schwach und undeutlich angegriffen, daß man zur raschen und sicheren Unterscheidung eine stärkere Prüfsäure anwendet. Diese Probiersäure besteht aus: 18 cm³ konzentrierter Salpetersäure, 24 cm³ konzentrierter Salzsäure und 6 cm³ Wasser.

Sie wird nach dem Zweck ihrer Verwendung weiterhin kurz als Unterscheidungssäure bezeichnet werden. Das Gemisch der zwei farblosen Säuren färbt sich bald nach der Bereitung gelbrot und entwickelt Chlordämpfe; nach längerer Zeit wird die Flüssigkeit rein gelb, ohne ihre Wirksamkeit zu verlieren. Sie ist vielmehr ziemlich beständig und monatelang brauchbar.

Diese Probiersäure greift bei gewöhnlicher Temperatur Striche von Reinplatin und Platinlegierungen mit über ungefähr 800 Tausendteilen Platingehalt auch bei längerer Einwirkungsdauer nicht an, während sie die Striche aller anderen aus edlen oder unedlen Metallen bestehenden platinähnlichen Legierungen in kurzer Zeit entweder ganz auflöst oder sie derart stark und deutlich angreift, daß beim Befunde kein Zweifel mehr herrschen kann.

Wenn daher der platingraue Strich einer Legierung oder eines Metalles von dieser Unterscheidungssäure bei einer Einwirkungsdauer von etwa 1—2 Minuten in keiner Weise angegriffen wird, auch keine Farbenveränderung (Anlauffarben!) auftritt, so kann man annehmen, daß es sich um Platin oder eine Platinlegierung mit mehr als ungefähr 800 Tausendteilen Platingehalt handelt, stets vorausgesetzt, daß auch sämtliche physikalische Eigenschaften des untersuchten Materiales, wie Farbe, Härte (Streichbarkeit), spezifisches Gewicht usw. mit jenen von Platin oder hochprozentigen Platinlegierungen (z. B. Platinprobiernadeln) übereinstimmen. In Zweifelsfällen erprobe man noch die Angreifbarkeit des Striches durch die Platinprobiersäure (siehe S. 52) und stelle fest, ob der Angriff desselben in ähnlicher Weise erfolgt wie bei Strichen von Reinplatin oder einer Platinprobiernadel.

Ein einfacher, sicherer und deutlicher Nachweis des Platins durch Erzeugung einer nur für das Platin allein charakteristischen Färbung oder eines Niederschlages am Strich, bei gleichzeitiger Gegenwart beliebiger anderer edler und unedler Metalle und konzentrierter Säuren ausführbar, wie er für das Silber und das Palladium vorliegt, ist bisher nicht bekannt geworden.

Die Jodprobe.

Zur Unterscheidung des Platins von Weißgoldlegierungen und anderen Legierungen mit platinähnlichem Aussehen wird häufig eine jodhaltige Probierflüssigkeit verwendet, welche in folgender Weise erhalten wird: Man übergießt in einem Säurefläschchen 2 g Jod mit 10 cm³ Äthylalkohol

(Weingeist, 96%ig), schüttelt wiederholt um, fügt eine Lösung von 6 g Jodkalium in 12 cm³ Wasser zu und mischt gut durch; die Lösung ist sehr lange Zeit haltbar.

Sie liefert jedoch nicht in allen Fällen sichere und richtige Ergebnisse und hat bereits wiederholt zu irrtümlichen Annahmen geführt. Sie greift zwar nach kurzer Einwirkung die Striche von Weißgoldlegierungen, Reinpalladium und vieler Palladiumlegierungen unter Dunkelfärbung stark an, während Striche von Platin und hochprozentigen Platinlegierungen unverändert bleiben, ergibt demnach deutlich den Unterschied des Platins von den erwähnten Edelmetallegierungen; dagegen werden die Striche einiger Legierungen des Palladiums mit erheblichen Mengen anderer Platinmetalle, wie z. B. das Bijouteriepalladium mit 10% Rhodium usw., welches zur Herstellung von Schmuckgeräten verwendet wird, und die Striche einiger unedler weißer Metalle, wie Nickel und Aluminium und mancher Legierungen mit hohen Gehalten von diesen Metallen nicht oder nur wenig von dieser Probierflüssigkeit angegriffen.

Es können daher sowohl Waren aus Bijouteriepalladium als auch unechte Legierungen mit platinähnlichem Aussehen oder mit Platinüberzügen bei rascher Betupfung des Gegenstandes oder des Striches für Platin gehalten werden, da die Probierflüssigkeit auch nach der Entfernung einer eventuellen Platinierung keine Dunkelfärbung erzeugt, wenn die unechte Legierung z. B. eine hochprozentige Nickellegierung ist.

Sie ergibt demnach dann, wenn kein Platin vorliegt, durch Dunkelfärbung der Striche wohl die deutliche Erkennung der platinähnlichen Legierungen; greift die Probierflüssigkeit aber nicht an, tritt keine Dunkelfärbung der Striche ein, so muß es sich deshalb nicht immer mit Sicherheit um Platin oder eine Platinlegierung handeln. In solchen Fällen empfiehlt es sich, auch die Probiersäure für 18karätiges Gold zu benutzen, welche die Striche von Bijouteriepalladium und den unechten Legierungen stark angreift oder auflöst und auch beim teilweisen Mitstreichen einer Platinierung durch unregelmäßige Angriffe die Aufmerksamkeit des Probierers erregt. Da die angeführte Unterscheidungssäure allein angewendet stets sichere und deutliche Ergebnisse liefert, ist die überdies teure jodhaltige Probierflüssigkeit entbehrlich; sie ist jedenfalls nur mit Vorsicht zu benutzen.

Die Ermittlung des Feingehaltes von Platinlegierungen mit 900—1000 Tausendteilen Platingehalt.

Die im Edelmetallwarenverkehr vorkommenden Platinlegierungen besitzen, wie bereits erwähnt, vorwiegend zwischen ungefähr 900 und 1000 Tausendteilen liegende Platingehalte und beschränkt sich daher gegenwärtig auch die Platinstrichprobe hauptsächlich auf die annähernde Ermittlung dieser Feingehalte; bei Schmuckgegenständen handelt es sich meistens um den bereits in mehreren Ländern zur Herstellung dieser Waren üblichen Platingehalt von 950 Tausendteilen.

4*

Bei Legierungen mit bedeutend niedrigeren Platingehalten und gleichzeitiger Anwesenheit erheblicher Mengen von anderen Edelmetallen (wie Silber, Gold, Palladium) und beliebigen unedlen Metallen versagt vielfach die Strichprobe ganz und läßt mitunter nicht einmal die Erkennung größerer Mengen von Platin zu.

Die Ausführung der Platinstrichprobe erfolgt in ähnlicher Weise wie bei der Goldstrichprobe, doch kommen für Platinstrichproben nur die besten harten, sehr feinkörnigen und vollkommen säurefesten Probiersteine in Betracht. Man hat auch die Benutzung von Biskuitporzellan an Stelle der Probiersteine vorgeschlagen, besonders bei Anwendung von erhitzter Probiersäure; man streicht jedoch hierbei viel mehr Material ab und kann daher fertige Juwelenarbeiten nicht gut auf diese Weise untersuchen.

Zahl, Größe und Zusammensetzung der Platinprobiernadeln richten sich, wie bei der Silber- und Goldstrichprobe, ausschließlich nur nach den speziellen Zwecken, zu welchen die Strichprobe gebraucht werden soll. Will man z. B. nur den am meisten angewendeten Feingehalt von 950 Tausendteilen Platin prüfen, so genügt meist eine aus 950 Tausendteilen Platin und 50 Tausendteilen Kupfer bestehende Nadel; sollen beliebige Platingehalte zwischen 900 und 1000 Tausendteilen abgeschätzt werden, so würden sich hierzu Nadeln mit Platingehalten von 900, 930, 950, 970 Tausendteilen, ebenfalls mit Kupfer legiert, und eine Nadel aus Reinplatin eignen.

Da die Herstellung von vollkommen homogenen Platinprobiernadeln mit genau bestimmten Platingehalten bedeutend schwieriger ist als bei den Gold- und Silberlegierungen, wende man sich bei Bestellung und Ankauf derselben nur an einschlägige Firmen ersten Ranges unter strengster Garantie für die gewünschte Zusammensetzung nach genauer Analyse.

Von den bisher bekannt gewordenen Platinprobiersäuren gibt bei der Durchführung der Strichprobe bei gewöhnlicher Temperatur eine Probiersäure von folgender Zusammensetzung die besten deutlichsten Ergebnisse: 9 cm³ konzentrierte Salpetersäure, 24 cm³ konzentrierte Salzsäure, 3 cm³ Wasser und 9 g Kalisalpeter (Kaliumnitrat).

Der Kalisalpeter ist gepulvert dem Säuregemisch zuzusetzen. Nach dem Zusammenmischen der Säuren und des Salzes tritt eine stundenlang andauernde heftige Gasentwicklung ein; man wähle deshalb für diese Probiersäure ein Fläschchen von solcher Größe, daß die bereitete Menge derselben das Fläschchen nicht vollständig erfüllt, sondern ein Teil des Fläschchens leer bleibt, um ein Überfließen der scharfen Säure während der Gasentwicklung zu vermeiden. Zu dieser Zeit ist die Probiersäure möglichst in einem Abzuge oder außerhalb des geschlossenen Fensters aufzubewahren, um Beschädigungen durch die entweichenden Gase zu verhindern.

Das Säuregemisch nimmt bald eine rotgelbe Farbe an; es erhält seine volle Stärke erst nach einigen Stunden und greift dann auch Reinplatin an.

Um auch geringe Unterschiede in der Stärke der Säureangriffe bei den Strichen der Probiernadel und der zu untersuchenden Legierung wahrnehmen zu können, macht man große breite Striche und bedeckt mit der Probiersäure eine größere Fläche derselben, um ein entsprechend großes Sehfeld zur Beobachtung zu erhalten. Man läßt die Säure solange auf die Striche einwirken, bis auch die Striche der Probiernadel deutlich angegriffen werden, wodurch sich gleichzeitig auch die genügende Stärke der Probiersäure zeigt.

Nach dem Entfernen der Säure durch vorsichtiges Absaugen mit Filtrierpapier treten kleine Unterschiede im Angriffe der Säure auf den trockenen Strichen oft noch schärfer und deutlicher hervor. Man kann auch durch Neigen des Steines die Säure von den Strichen seitlich auf den Stein abfließen lassen und dann erst absaugen.

Die Säure wird nach einiger Zeit blaßgelb und unwirksam; sie ist aber doch immerhin mehrere Wochen hindurch brauchbar.

Steht ein Abzug zur Verfügung, welcher entwickelte Säuredämpfe ableitet und unschädlich macht, so kann man nach einem häufig angewendeten Verfahren auch erhitzte Probiersäure zur Feingehaltsermittlung von Platinlegierungen benutzen. Man verwendet hierbei die bereits beim Nachweis des Platins (S. 50) erwähnte Unterscheidungssäure, deren Zusammensetzung daselbst angeführt wurde, und bereitet von derselben eine größere Menge, z. B. das doppelte Volumen durch Mischen von 36 cm³ konzentrierter Salpetersäure, 48 cm³ konzentrierter Salzsäure und 12 cm³ Wasser.

Außer dieser Probiersäure sind auch andere ähnlich zusammengesetzte Säuregemische in Gebrauch, wie z. B. 60 cm³ konzentrierte Salzsäure, 20 cm³ konzentrierte Salpetersäure und 40 cm³ Wasser.

Weiters sind zwei nicht zu flache Porzellanschalen von ungefähr 10 cm Durchmesser, und ein dünner schmaler Probierstein erforderlich. Die Strichprobe wird in folgender Weise ausgeführt: Man erzeugt an einem Ende des Steines der Länge nach (siehe Abb. 12) einen langen, breiten, stark und gleichmäßig geführten Strich von der zu prüfenden Legierung und zu beiden Seiten desselben auf gleiche Weise Striche von der Platinprobiernadel, dann gibt man die ungefähr 100 cm³ betragende Probiersäure in eine Porzellanschale und erhitzt diese im Abzug auf einem Dreifuß mit Asbestdrahtnetz oder dünner Asbestplatte solange, bis die Säure auf etwa 80 bis 90° C erwärmt ist. Dies kontrolliert man durch ein kleines, in die Säure getauchtes Thermometer; nach mehrmaliger Durchführung der Strichprobe kann man auch erfahrungsgemäß ohne Thermometer bis zur entsprechenden Entwicklung der Säuredämpfe erhitzen.

Hierauf wird der Stein mit dem von den Strichen bedeckten Ende so in die Schale gestellt, daß die Striche zu etwa 2 Drittel ihrer Länge von der Säure bedeckt sind; der Stein wird nun unter eventuellem Hin- und Herbewegen solange in der Säure belassen, bis die Striche deutlich angegriffen erscheinen. Der Stein wird dann aus der Säure herausgenommen und in der danebengestellten mit Wasser gefüllten zweiten Porzellanschale gut abgespült; die letzten Reste des Wassers entfernt man durch vorsichtiges Absaugen mit Filtrierpapier oder durch Trocknen an der Luft, und vergleicht nun die Stärke der Säureangriffe bei den Strichen der unbekannten Legierung und der Probiernadel.

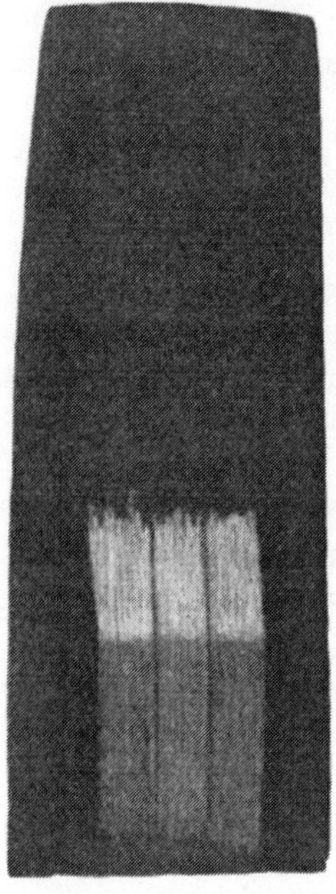

Abb. 12. ²/₃ nat. Größe.

Der Angriff der Striche erfolgt meist rasch, in ungefähr einer halben Minute; bei Strichen von Legierungen mit unter 950 Tausendteilen liegenden Platingehalten genügt ein Erhitzen auf ungefähr 70—80° C, bei Reinplatin ist dies bis auf etwa 100° C erforderlich.

Überhitzte Säure greift die Striche der Legierungen zu schnell und zu stark an, löst sie häufig ganz auf. Durch das Erhitzen wird die Probiersäure sehr bald zersetzt; sie kann mehrmals zu Strichproben verwendet werden, wird jedoch nach ungefähr zehnmaligem Gebrauche unwirksam und muß dann erneuert werden. Als Unterscheidungssäure nur bei gewöhnlicher Temperatur verwendet ist dieses Säuregemisch jedoch, wie bereits früher erwähnt, monatelang brauchbar.

Man kann auch den Stein in die kalte Säure einlegen und dann solange erhitzen, bis man den Angriff der Striche beobachtet; oder man erhitzt die Säure allein stärker, bis nahe zum Kochen, entfernt dann die Schale vom Dreifuß und hält den Stein solange in die heiße Säure, bis der Angriff der Striche erfolgt. Mitunter wird die Platinstrichprobe auch so ausgeführt, daß der Stein mit den Strichen und der auf diesen befindlichen Säure solange erhitzt wird, bis der Angriff der Striche eintritt.

Die erhitzte Säure löst Striche von Reinplatin in kurzer Zeit glatt auf und greift auch Striche von Platiniridiumlegierungen mit nicht zu hohen Iridiumgehalten deutlich an; sie wirkt viel energischer und stärker als die bei gewöhnlicher Temperatur benützte Platinprobiersäure mit dem Zusatz von Kalisalpeter.

Man kann zu den Platinstrichproben bei Anwendung von erhitzter Probiersäure nur vollkommen säurefeste Probiersteine verwenden, da Steine von minderer Qualität bei dieser Behandlung alsbald unbrauchbar werden.

Die Genauigkeit der auf kaltem oder heißem Wege ausgeführten Platinstrichproben wird manchmal zu zehn Tausendteilen angegeben; man ist auch in der Lage, Unterschiede von ungefähr dieser Größe bei den Feingehalten von Legierungen mit zwischen 900 und 1000 Tausendteilen liegenden Platingehalten bei der Strichprobe zu beobachten, aber nur dann, wenn analog wie bei den Goldstrichproben die Beilegierungen der benutzten Probiernadel und der untersuchten Legierung gleich sind, wie dies z. B. bei einer Serie gleichartig hergestellter Platinprobiernadeln mit verschiedenen Feingehalten der Fall ist.

Die in einer hochprozentigen Platinlegierung neben dem Platin enthaltene Beilegierung ist aber weder an der Farbe der Legierung erkennbar, da alle derartigen Legierungen ähnliche graue Farben besitzen, noch ist sie auf einfache Weise bei der Strichprobe am

Stein ermittelbar; man kann daher auch bei eventuellem Vorhandensein von mehreren Platinprobiernadeln mit verschiedener bekannter Beilegierung bei der Untersuchung einer unbekannten Legierung nicht die entsprechende Nadel auswählen, ähnlich wie bei der Strichprobe der Weißgoldlegierungen.

Die Art der Beilegierung beeinflußt aber, trotzdem ihre Menge häufig nur ungefähr 50 Tausendteile beträgt, doch die Angreifbarkeit der Striche von Platinlegierungen in erheblicher Weise. Insbesonders erhöhen Zusätze der dem Platin verwandten sogenannten Platinmetalle (Palladium, Iridium, Rhodium, Ruthenium und Osmium) den Widerstand des Platins gegen die Probiersäuren, von welchen Metallen besonders das Palladium häufig in bedeutender Menge im Juwelierplatin enthalten ist, und das Iridium den härtenden Bestandteil der mitunter zu Nadelstiften und Fassungen verwendeten besonders harten Platinlegierungen bildet.

Platiniridiumlegierungen mit erheblichen Iridiumgehalten streichen sich bedeutend besser als Reinplatin; der sich bei der Untersuchung unbekannter Platinlegierungen manchmal ergebende Umstand, daß der Strich einer Legierung der Probiersäure mehr widersteht als jener von Reinplatin, zeigt die Gegenwart eines in Säuren unlöslichen Beilegierungsmetalles an, welches in vielen Fällen Iridium ist. Platiniridiumlegierungen mit verschiedenen Iridiumgehalten können durch die Strichprobe bei Anwendung erhitzter Probiersäure deutlich voneinander unterschieden werden.

Enthält eine zu untersuchende Legierung zufällig dieselbe Beilegierung wie die bei der Strichprobe verwendete Probiernadel, so kann ein ziemlich annäherndes Ergebnis hierbei erhalten werden; da man diesen Umstand aber nur in den seltensten Fällen weiß, kann bei der Prüfung unbekannter Platinlegierungen nicht mit einer bestimmten annähernden Genauigkeit gerechnet werden. Streicht sich z. B. eine Platinlegierung besser als eine Probiernadel mit 950 Tausendteilen Platingehalt, so bleibt die Frage unentschieden, ob die untersuchte Legierung einen höheren Platingehalt als die Nadel besitzt, oder ob sie einen geringeren Platingehalt bei Gegenwart eines Metalles aufweist, welches den Strich der Legierung erheblich verbessert.

Die Strichprobe der Platinsilberlegierungen.

Platinsilberlegierungen dienten längere Zeit hindurch in der Schmuckwarenindustrie zur Herstellung von Steinfassungen, Halsketten, Ringen u. dgl.; sie wurden jedoch hierbei in neuerer Zeit vielfach durch Weißgoldlegierungen ersetzt. Auch in der Zahntechnik und Elektrotechnik werden gelegentlich Platinsilberlegierungen verwendet. Diese Legierungen kommen im Handel mit Platingehalten von 100—400 Tausendteilen vor; bei größeren Platingehalten sind sie infolge ihrer großen Sprödigkeit nicht mehr verarbeitbar. Am häufigsten werden die Legierungen mit 200 bis 330 Tausendteilen Platin verwendet.

Mit steigendem Platingehalte werden diese Silberlegierungen deutlich grau gefärbt; die Farben der Striche derselben am Probierstein besitzen einen sehr schwachen Stich ins Rötliche, obwohl die Striche von Feinsilber und Reinplatin ganz weiß bzw. grau gefärbt sind. Durch Vergleich der Farben der Striche von Platinsilberlegierungen mit jenen von Strichen von Silberprobiernadeln, welche aus Silber und Kupfer bestehen, läßt sich der Silbergehalt von Platinsilberlegierungen auch nicht annähernd ermitteln.

Der Nachweis der Platinsilberlegierungen.

Die Art der Erkennung der Platinsilberlegierungen durch die Strichprobe am Probierstein hängt sehr vom Platingehalt derselben ab; als Platinsilberlegierungen werden hier jene mit bis zu 400 Tausendteilen Platin berücksichtigt, also alle im Handel vorkommenden technisch verwendbaren Legierungen. Für den Nachweis derselben ist hauptsächlich das Verhalten ihrer Striche am Probierstein zur roten Silberprobiersäure wichtig, welche die Striche der Legierungen mit weniger als ungefähr 200 Tausendteilen Platin unter Abscheidung des roten Silberniederschlages zersetzt, und auf die Striche von Legierungen mit höheren Platingehalten in der gewöhnlichen Angriffsdauer ohne Einwirkung ist; doch reicht diese Probiersäure allein nicht zur Erkennung aller Platinsilberlegierungen aus.

Wird der graue Strich einer unbekannten Legierung von der roten Silberprobiersäure in der üblichen Einwirkungszeit unter Bildung des roten Silberniederschlages angegriffen, und erfolgt die Abscheidung dieses Niederschlages merklich später als bei gewöhnlichen Silberkupferlegierungen, so handelt es sich um eine

Platinsilberlegierung mit einem Platingehalt bis zu ungefähr
200 Tausendteilen.

Man beobachtet das spätere Auftreten des roten Niederschlages
dadurch am besten, daß man unmittelbar neben dem Strich der
zu untersuchenden Legierung einen Strich einer Silberprobiernadel
mit 800 oder 900 Tausendteilen Silbergehalt ausführt und beide
Striche gleichzeitig mit der roten Silberprobiersäure benetzt;
saugt man rechtzeitig die Säure ab, so ist der Unterschied deutlich
sichtbar.

Die mit der roten Silberprobiersäure auf den Strichen von
Platinsilberlegierungen entstehenden roten Niederschläge sind
dunkler gefärbt als die bei den Strichen von Silberkupferlegierungen
(Silberprobiernadeln) gebildeten Silberniederschläge; das Auftreten dieser dunkelroten Silberniederschläge deutet daher meistens auf die Anwesenheit von Platinsilber, doch bewirken auch
kleine Mengen Gold in Silberlegierungen ähnliche dunkel gefärbte
Silberniederschläge mit der roten Silberprobiersäure.

Greift diese den grauen Strich einer Legierung nicht wesentlich an, bildet sich kein roter Niederschlag und erzeugt die Probiersäure für 18 karätiges Gold am Strich alsbald einen dichten weißen
oder bläulichweißen Silberniederschlag, so liegt eine Platinsilberlegierung mit einem Platingehalt von mehr als ungefähr 200
Tausendteilen vor.

Der große Silbergehalt dieser Legierungen ist also mit der roten
Silberprobiersäure nicht erkennbar, da diese die Striche nicht mehr
angreift und daher auch kein Silber in Lösung bringen kann.

Konzentrierte Salpetersäure greift die Striche aller Platinsilberlegierungen rasch unter Dunkelfärbung derselben an, die Striche
werden scheinbar aufgelöst, es bleiben nur undeutliche geringe
Rückstände zurück. Durch Zusatz einiger Tropfen der Probiersäure für 18 karätiges Gold oder der roten Silberprobiersäure
entsteht auch in diesen Lösungen der Striche der dichte bläulichweiße bzw. rote Silberniederschlag.

Die Feingehaltsbestimmung von
Platinsilberlegierungen.

Durch Verwendung von Platinsilberprobiernadeln, z. B. mit
von 50 zu 50 Tausendteilen ansteigenden Platingehalten (wie 100,
150, 200, 250, 300, 350 und 400 Tausendteile) und Benützung einer

derartig verdünnten Salpetersäure, daß die Striche dieser Legierungen nur langsam angegriffen werden, ist eine annähernde Ermittlung der Platin- bzw. Silbergehalte unbekannter Platinsilberlegierungen möglich. Zur Herstellung einer solchen Säure mische man ungefähr einen Volumteil konzentrierte Salpetersäure mit zwei Volumteilen Wasser, z. B. 15 cm³ konzentrierte Salpetersäure mit 30 cm³ Wasser. Nach der Einwirkung der Säure auf die Striche der Legierung und der Nadel muß dieselbe jedoch sehr vorsichtig, möglichst ohne die Striche selbst zu berühren, abgesaugt werden, da der verbleibende Rückstand sehr locker ist, beim Entfernen der Säure leicht verwischt wird und dadurch einen fleckigen, zur Beurteilung der Feingehalte ungeeigneten Säureangriff ergibt; für die Ermittlung der Feingehalte der Platinsilberlegierungen ist daher hauptsächlich die Beobachtung der verschiedenen Angreifbarkeit der Striche während der Einwirkung der Säure ausschlaggebend.

Wegen der geringen Wichtigkeit dieser Legierungen begnügt man sich meist mit der rohen Abschätzung des Platingehaltes derselben mit der roten Silberprobiersäure, nur feststellend, ob dieser mehr oder weniger als ungefähr 200 Tausendteile beträgt.

Die Palladiumstrichprobe.

Das Palladium ist wie das Platin ein Edelmetall von grauer Farbe und sehr hohem Schmelzpunkt (1557° C); es ist leichter schmelzbar als Platin (Schmelzpunkt 1751° C) und kann wie dieses nur mit Hilfe des Sauerstoffgebläses geschmolzen werden. An der Luft geglüht, läuft das Palladium an, doch verschwinden die Anlauffarben wieder bei stärkerem Erhitzen. Es ist härter als Platin und hat gegen Gold und Platin ein auffallend niedriges spezifisches Gewicht, nämlich nur 11,4, nahezu gleich jenem des Silbers (11,5), während das spezifische Gewicht des Goldes 19,3, und von Platin 21,4 beträgt. Ein Gegenstand aus Palladium besitzt daher nur etwas mehr als die Hälfte jenes Gewichtes, welches er aus Platin verfertigt aufweisen würde, welcher Umstand bei der Verarbeitung des Palladiums von Wichtigkeit ist.

Das Palladium ist in konzentrierter (besonders rauchender) Salpetersäure und in Königswasser leicht löslich, und wird in der

Wärme auch von konzentrierter Salzsäure und Schwefelsäure langsam angegriffen; es ist also nicht säurebeständig.

Der Preis des Palladiums war früher ungefähr gleich jenem des Platins; in neuerer Zeit ist es jedoch bedeutend billiger geworden und steht gegenwärtig im Werte zwischen Gold und Platin.

Das Palladium ist in den meisten Sorten von Juwelierplatin in erheblicher Menge enthalten, wird seit der Einführung der Weißgoldlegierungen im Jahre 1912 als Beilegierungsmetall der besseren Qualitäten derselben benützt und gelangt seit dem Jahre 1915 auch als hochprozentige Palladiumlegierung in der Schmuckwarenindustrie zur Anwendung. In diesem Jahre trat nämlich in Deutschland und Österreich infolge der Grenzsperre und Reservierung der vorhandenen Platinvorräte für Kriegszwecke Mangel an Platin ein; bald darauf erfolgte in diesen Ländern auch die allgemeine Beschlagnahme aller Platinmaterialien, so daß Gewerbe und Industrie sich um Ersatzlegierungen umsehen mußten.

Die Firma W. C. Heraeus in Hanau a. M. brachte nun in dem angeführten Jahre als möglichst vollwertigen Ersatz des Platins in der Bijouteriewarenerzeugung eine Palladiumlegierung unter dem Namen Palladoplatin in den Handel, welche aus 900 Tausendteilen Palladium und 100 Tausendteilen Rhodium bestand und ungefähr den gleichen Wert wie das Platin besaß. Diese Legierung wurde in jener Zeit vielfach für Juwelenarbeiten verwendet, welche auch gegenwärtig noch öfters im Edelmetallwarenverkehr anzutreffen sind.

Als sich dann in der Nachkriegszeit größere Mengen von Palladium in den Platinaffinerien ansammelten, wurden neuerdings Palladiumlegierungen zur Verarbeitung im Schmuckgewerbe empfohlen und in den Handel gebracht; als Beispiele seien zwei Legierungen angeführt, welche gleichfalls von der bereits erwähnten Firma W. C. Heraeus in Hanau a. M. erzeugt wurden. Die Zusammensetzung der einen Legierung (als „Bijouteriepalladium Nr 103 Heraeus“ bezeichnet) weicht nur durch einen geringen Platinzusatz von jener des Palladoplatins ab und lautet: 850 Tausendteile Palladium, 100 Tausendteile Rhodium und 50 Tausendteile Platin. Die zweite Legierung besitzt einen Palladiumgehalt von 960 Tausendteilen und 40 Tausendteile Ruthenium.

Das Palladium wird besonders in Amerika neben den Weißgoldlegierungen in ausgedehntem Maße bei der Schmuckwarenerzeugung verwendet.

Da reines Palladium nur wenig säurebeständig ist und sich leicht oxydiert, wird es durch die angeführten Zusätze von Rhodium und Ruthenium widerstandsfähiger gemacht; allen diesen Legierungen ist ein sehr hoher, meist über 80% betragender Palladiumgehalt gemeinsam und sie werden im Handel auch kurz oft nur als Palladium bezeichnet. Die größere Säurefestigkeit derselben zeigt sich auch am Probierstein, da die Striche der meisten derartigen Legierungen von konzentrierter Salpetersäure in der gewöhnlichen Einwirkungszeit nicht angegriffen werden, während auf Reinpalladiumstriche die Salpetersäure bald einwirkt und Gelbfärbung hervorruft. Auch die Probiersäure für 18 karätiges Gold wirkt in analoger Weise auf die Striche dieser Legierungen merklich langsamer ein als auf Striche von Reinpalladium.

Die Erkennung des Palladiums und seiner Legierungen.

Das Palladium und die hochprozentigen Legierungen desselben besitzen eine platinähnliche graue Farbe und sind dem Aussehen nach von Platin und Weißgoldlegierungen nicht zu unterscheiden. Die Erkennung derselben bietet mit Hilfe der Strichprobe keine Schwierigkeiten und kann auf mehrfache Weise erfolgen, nämlich entweder durch starke Gelbfärbung der Goldprobiersäuren und der Unterscheidungssäure, oder als roter bis gelbroter Niederschlag mit der Platinprobiersäure; in manchen Fällen kann der Nachweis des Palladiums unter bestimmten Umständen auch als gelber Niederschlag mit der Rhodansalzlösung durchgeführt werden.

Gelbfärbung des Striches mit der Probiersäure für 18 karätiges Gold: Wird der graue Strich einer Legierung durch Benetzen mit der farblosen Probiersäure für 18 karätiges Gold deutlich unter Auftreten einer intensiven Gelbfärbung angegriffen, so ist dadurch die Gegenwart von Palladium nachgewiesen. Sind große Mengen von Palladium vorhanden, wie bei hochprozentigen Palladiumlegierungen oder bei Reinpalladium, so geht die Gelbfärbung alsbald in gelbrot bis braunrot über; wird der Strich der Legierung durch die Probiersäure aufgelöst, so ist die Färbung derselben nur während der Einwirkung zu sehen, solange der lichte Strich am Steine noch besteht.

Die je nach der Menge des gelösten Palladiums gelbe bis braunrote Färbung der Säure rührt von der Bildung von Palladonitrat her.

Da gelbliche oder gelblichgrüne Färbungen auch beim Angriff der Striche mancher palladiumfreien Weißgoldlegierungen mit höheren Goldgehalten und bei anderen Legierungen mit der Probiersäure für 18 karätiges Gold auftreten, sind nur intensiv gelbe Färbungen für den Nachweis des Palladiums ausschlaggebend.

Gelbfärbung des Striches mit konzentrierter Salpetersäure: Die Gelbfärbung des Striches tritt bei vielen Palladiumlegierungen und bei Reinpalladium auch nach kürzerer oder längerer Einwirkung von konzentrierter Salpetersäure ein.

Gelbfärbung des Striches mit der Unterscheidungssäure: Wird der Strich einer Legierung weder von konzentrierter Salpetersäure noch von der Probiersäure für 18 karätiges Gold angegriffen, so muß man eine noch stärkere Probiersäure anwenden, nämlich die Unterscheidungssäure. Obwohl diese Säure selbst gelb bis gelbrot gefärbt ist, so tritt bei Gegenwart von erheblichen Mengen Palladium doch noch auf den Strichen eine bedeutend stärkere, deutlich bemerkbare dunklere Gelbfärbung der Säure ein.

Gelber Niederschlag mit der Probiersäure für 18 karätiges Gold: Bei gleichzeitiger Anwesenheit von Silber neben Palladium in einer Legierung entsteht bei der Einwirkung der Probiersäure für 18 karätiges Gold am Strich je nach der Menge des vorhandenen Silbers ein starker oder geringer dichter weißer Silberniederschlag, welcher jedoch durch die von gelöstem Palladium gelb gefärbte Säure scheinbar ebenfalls eine gelbe Farbe besitzt und die Gegenwart von Palladium und Silber gleichzeitig anzeigt.

In Fällen, bei welchen man bezüglich der entstandenen Färbung im Zweifel ist, oder zur eventuellen Bestätigung des durch eine Goldprobiersäure erhaltenen Ergebnisses wende man den folgenden Nachweis des Palladiums mit der Platinprobiersäure als roten oder gelbroten Niederschlag an.

Roter oder gelbroter Niederschlag mit der Platinprobiersäure. Die bei der Platinstrichprobe S. 52 erwähnte Platinprobiersäure gibt mit Palladium einen dichten roten Niederschlag, welcher um so deutlicher und schöner rot gefärbt ist, je mehr Palladium vorhanden ist. Mit reinem Palladium ist der

Niederschlag zinnoberrot gefärbt; bei Gegenwart größerer Mengen anderer Metalle wird er gelbrot bis dunkelrot.

Der Niederschlag besteht aus Kaliumpalladiumchlorid und ist wie der weiße und rote Silberniederschlag ebenfalls in Ammoniak leicht unter Entfärbung löslich.

Aus der Menge und Farbe des entstandenen roten oder gelbroten Niederschlages läßt sich nur beiläufig feststellen, ob ein geringer oder größerer Palladiumgehalt in einer Legierung enthalten ist; zur annähernden Ermittlung des Palladiumfeingehaltes einer Legierung ist er nicht geeignet. Geringe Mengen dieses Niederschlages scheiden sich erst nach längerer, einige Minuten andauernder Einwirkung der Säure aus und sind nach dem Absaugen derselben am trockenen Striche besser beobachtbar; um ihn deutlicher sehen zu können, benetzt man eine größere Fläche des Striches mit der Probiersäure.

In Goldlegierungen (z. B. Weißgoldlegierungen) erfolgt der Nachweis des Palladiums je nach den Mengenverhältnissen der Edelmetalle entweder durch die Gelbfärbung der Probiersäure für 18karätiges Gold (bei gleichzeitiger Anwesenheit erheblicher Mengen Silber als gelber Niederschlag), oder als roter bis gelbroter Niederschlag mit der Platinprobiersäure.

Die eventuelle Gegenwart von Platin in einer Legierung beeinträchtigt den Nachweis des Palladiums nicht, solange das Platin nicht in überwiegender Menge vorhanden ist, weil es weder mit den Goldprobiersäuren, noch mit der Platinprobiersäure oder dem Rhodansalz eine Färbung oder einen Niederschlag gibt. Dagegen sind nicht unerhebliche Mengen von Palladium, z. B. 100 Tausendteile oder 10% und mehr, in hochprozentigen Platinlegierungen mit den angeführten Hilfsmitteln häufig nicht nachweisbar, da die Platinprobiersäure in solchen Fällen vielfach keinen roten oder gelbroten Palladiumniederschlag bewirkt und auch das Rhodansalz in den zum Angriff der Striche erforderlichen starken konzentrierten Säuregemischen keinen Niederschlag von Palladium mehr erzeugt.

Die Platinlote enthalten meistens größere Mengen Palladium; man erhält daher bei der Prüfung gelöteter Platinwaren mit der Platinprobiersäure oder der Unterscheidungssäure mitunter starke gelbe oder gelbbraune Färbungen, welche auf einen erheblichen Palladiumgehalt der Platinlegierung schließen lassen, aber nur durch den Palladiumgehalt von Lotstellen verursacht werden; man kann sich leicht davon überzeugen, indem man den betreffenden Gegenstand noch an mehreren anderen, der Beurteilung nach möglichst lotfreien Stellen streicht.

Die bei der Einwirkung der erwähnten Goldprobiersäuren auf Strichen von Legierungen entstehenden intensiven Gelbfärbungen wie auch die Bildung der roten oder gelbroten Niederschläge mit der Platinprobiersäure sind nur für das Palladium allein charakteristisch und werden sonst von keinem hier in Betracht kommenden unedlen oder edlen Metalle bewirkt.

Die beim Nachweis des Goldes in hochprozentigen Weißgoldlegierungen S. 44 erwähnte Rhodansalzlösung kann in manchen Fällen auch zum Nachweis des Palladiums dienen. Sie erzeugt in Lösungen von Palladium je nach der Menge desselben und der Gegenwart anderer Metalle einen gelben bis rotgelben Niederschlag, der sehr dem entsprechenden Goldniederschlage gleicht, aber seine Farbe auch nach langer Zeit nicht ändert, also nicht weiß wird wie der Goldniederschlag.

Ist der Strich einer unbekannten grauen Legierung von konzentrierter Salpetersäure stark angreifbar oder in derselben löslich, so kann ein durch Zusatz von Rhodansalzlösung zur Säure am Strich entstehender gelber oder gelbroter dichter Niederschlag nur von anwesendem Palladium herrühren und gilt somit als Nachweis dieses Edelmetalles.

Eventuell gleichzeitig vorhandenes Gold wird von der konzentrierten Salpetersäure beim Angriff des Striches nicht gelöst, kann daher vom Rhodansalz nicht gefällt werden; gleichfalls anwesendes Silber würde weiß gefällt werden, verdeckt also nicht den gelben Palladiumniederschlag, sondern würde bei Gegenwart von Palladium selbst auch gelb gefärbt erscheinen ähnlich wie beim Nachweis des Palladiums mit der Probiersäure für 18 karätiges Gold bei gleichzeitiger Gegenwart von Silber. Die Rhodansalzlösung ist also hauptsächlich dann zum Nachweis von Palladium geeignet, wenn der Strich der Legierung von konzentrierter Salpetersäure allein zersetzbar ist; bei Anwendung der Probiersäure für 18 karätiges Gold allein oder in Verbindung mit der Unterscheidungssäure zum Angriff des Striches geht eventuell vorhandenes Gold auch in Lösung und würde ebenfalls als gelber oder gelbroter Niederschlag gefällt werden.

Der vor einiger Zeit gemachte Vorschlag, zum Nachweis des Palladiums in Legierungen bei der Strichprobe das Benzoylmethylglyoxim zu verwenden, ist derzeit gegenstandslos, da dieses Salz bisher nicht im Handel erhältlich ist.

Verfahren zur Bestimmung des Palladiumfeingehaltes von Legierungen mit Hilfe der Strichprobe sind bis jetzt nicht bekannt geworden.

Die Palladiumsilberlegierungen.

Palladiumsilberlegierungen werden mitunter in der Zahntechnik verwendet und gelangen selten zur Untersuchung. Sie sind die einzigen nur aus Edelmetallen bestehenden Legierungen, welche in konzentrierter Salpetersäure beim Erhitzen vollständig löslich sind, und besitzen je nach den vorhandenen Silber- bzw. Palladiumgehalten weiße bis graue Färbungen.

Die Striche sämtlicher aus diesen zwei Edelmetallen bestehenden Legierungen werden von konzentrierter Salpetersäure bald unter intensiver Gelbfärbung angegriffen; bei geringen Palladiumgehalten tritt hierbei auch Auflösung der Striche ein, während bei größeren Gehalten nur ein mehr oder weniger starker Angriff ohne Auflösung erfolgt.

Die Probiersäure für 18 karätiges Gold greift die Striche dieser Legierungen ebenfalls unter Gelbfärbung an und erzeugt alsbald dichte gelbgefärbte Silberniederschläge, so daß diese Probiersäure allein die gleichzeitige Gegenwart der beiden Edelmetalle hinreichend deutlich anzeigt. Durch Zugabe einiger Tropfen der Probiersäure für 18 karätiges Gold zur Lösung des Striches einer solchen Legierung in konzentrierter Salpetersäure erfolgt ebenfalls die Ausscheidung des gelben Silberniederschlages.

Einfache rasche Methoden zur annähernden Ermittlung der Palladium- oder Silberfeingehalte dieser Legierungen durch die Strichprobe am Stein sind bisher unbekannt.

Die Unterscheidung von echten und unechten Legierungen.

Die Farbe der Legierungen ist für die Erkennung und richtige Beurteilung derselben nicht immer ausschlaggebend, weil man alle Farben der Edelmetalle und ihrer Legierungen auch durch Legierungen aus nur unedlen Metallen erzielen kann, und durch aus Edelmetallen hergestellte Überzüge auch beliebig gefärbten unechten Legierungen das Ansehen von Edelmetallegierungen gegeben wird. Man ist daher zur Ermittlung der wahren Natur einer Legierung stets auf eine nähere Untersuchung derselben angewiesen, welche in vielen Fällen am einfachsten und schnellsten durch die Strichprobe erfolgen kann.

Will man zur ersten Informierung nur feststellen, ob eine Legierung überhaupt eine echte, also eine Edelmetallegierung ist, oder ob dieselbe unecht ist, nur aus unedlen Metallen besteht, so behandle man einen Strich derselben mit konzentrierter Salpetersäure.

Löst sich der Strich mehr oder weniger rasch vollständig in dieser Säure auf, ohne einen Rückstand zu hinterlassen, und ohne daß sich die Säure während des Angriffes deutlich gelb färbt, so liegt entweder nur eine unechte Legierung vor, oder bei weißem oder grauem Strich eine Silberlegierung. Um dies festzustellen, gibt man zur Lösung des Striches in Salpetersäure oder auf eine frische Stelle des Striches einige Tropfen der Probiersäure für 18karätiges Gold.

Entsteht kein Niederschlag, so ist die vorliegende Legierung unecht, bildet sich ein weißer oder bläulich-weißer Niederschlag, so handelt es sich um eine Silberlegierung.

Beim Auftreten irgendwelcher Färbungen der konzentrierten Salpetersäure beim Angriffe der Striche, oder bei Unlöslichkeit oder Schwerangreifbarkeit derselben, Hinterlassung eines Rückstandes usw. liegen meistens Edelmetalle oder edelmetallhaltige Legierungen vor, deren nähere Untersuchung nach den Angaben des nächsten Abschnittes erfolgen kann.

Bei Legierungen mit silberähnlichem Aussehen und Strich erzielt man meist auch mit der roten Silberprobiersäure allein die Unterscheidung von echten und unechten Legierungen, da diese auf den Strichen derselben bei Gegenwart von Silber den bekannten roten Niederschlag erzeugt, und die Striche vieler unechter Legierungen ebenfalls vollständig auflöst.

Die Erkennung aller unedlen Metalle und Legierungen als solche ist auf diese einfache Weise mit den erwähnten zwei Probiersäuren nicht möglich, da die Striche einer Anzahl derselben von den Probiersäuren entweder überhaupt nicht, oder nur mehr oder weniger stark angegriffen, aber nicht gelöst werden; es sind also wohl alle Metalle und Legierungen unecht oder unedel, deren Striche von konzentrierter Salpetersäure (bei Abwesenheit von Silber!) oder roter Silberprobiersäure ohne Rückstand gelöst werden, aber umgekehrt sind nicht alle Metalle oder Legierungen, deren Striche von diesen Probiersäuren nicht gelöst oder nur mehr oder weniger stark angegriffen werden, edle Metalle oder Edelmetalllegierungen, sondern es können auch hier unedle Metalle oder nur aus solchen bestehende Legierungen vorliegen.

Bezüglich der eventuellen Erkennung solcher säurefesten unechten Legierungen beachte man die Anmerkung auf S. 79.

Die bisher zur Erzeugung von unechten Schmuckwaren verwendeten Legierungen von gold-, silber- oder platinähnlichem Aussehen sind sämtlich durch Behandlung der Striche derselben mit den erwähnten zwei Probiersäuren leicht und sicher erkennbar.

Für die Unterscheidung unedler Metalle von Gold und Silber werden mitunter auch sogenannte Probierstifte empfohlen, welche auf an-

gefeuchteten Metallen oder Legierungen gestrichen, braune oder schwarze
Flecken erzeugen, wenn dieselben unecht sind, während Gold- und Silberlegierungen hierbei unverändert bleiben. Es sind dies kleine weiße Stifte
aus Höllenstein (Silbernitrat) in Holzfassung, deren Wirkungsweise im
allgemeinen unzulänglich und unverläßlich ist.

Die Untersuchung unbekannter Edelmetallegierungen.

Die Prüfung unbekannter Legierungen auf einen etwaigen Gehalt an Edelmetallen ist in vielen Fällen auf einfache Weise durch
Anwendung der Strichprobe am Probierstein unter Benützung
der in den früheren Abschnitten angeführten Probiersäuren
möglich.

Es sei hier nochmals erwähnt, daß sämtliche Nachweise der
Edelmetalle als Niederschläge oder Färbungen meistens Mengen
von weniger als ungefähr 100 Tausendteilen eines Edelmetalles
nicht in allen Fällen sicher und deutlich erkennen lassen; dies
ist jedoch nur eine ganz beiläufige allgemeine Angabe, da je
nach der Art der Zusammensetzung der Legierungen und der vorhandenen edlen und unedlen Metalle mitunter sowohl bedeutend
geringere Mengen von Edelmetallen nachweisbar, als auch bedeutend größere Mengen derselben nicht erkennbar sind. Bei
der geringen Zahl der zur Untersuchung benützten Probierflüssigkeiten und der Einfachheit der Durchführung der Strichproben
ist dies begreiflich und erklärlich; gleichwohl genügen aber die
hierbei erhaltenen Ergebnisse meistens den Forderungen der
Praxis.

Legierungen, deren Striche am Stein von keiner Probiersäure
angegriffen werden, sind mittels der Strichprobe nicht untersuchbar und kann in solchen Fällen ohne anderweitige Prüfung
häufig nicht einmal festgestellt werden, ob es sich um eine Edelmetallegierung oder eine nur aus unedlen Metallen bestehende
Legierung handelt.

Der vorliegende Untersuchungsgang berücksichtigt folgende
Edelmetalle und Legierungen:

Gold, Silber, Platin, Palladium und die Legierungen dieser
Edelmetalle sowohl untereinander wie mit unedlen Metallen
(hauptsächlich Kupfer); weiters gibt der Gang gleichzeitig die
Erkennung jener nur aus unedlen Metallen bestehenden Legie-

rungen an, welche ein den Edelmetallegierungen ähnliches Aussehen besitzen und daher ohne Prüfung zu Täuschungen Anlaß geben können (vgl. auch den vorigen Abschnitt).

Zur Untersuchung teilt man zweckmäßig alle Legierungen und Metalle nach ihren Farben in zwei Gruppen: die eine Gruppe umfaßt die weißen und grauen Legierungen mit silber- und platinähnlichem Aussehen, während die andere Gruppe alle farbigen Legierungen enthält, also die gelben, grünlichen, roten und braunen Legierungen in allen Farbentönen und -mischungen.

Unter der Farbe einer Legierung ist hier die Farbe des Striches derselben am Stein zu verstehen, nach der eventuellen gründlichen Entfernung von metallischen Überzügen jeder Art und sonstigen Veränderungen der Oberfläche der Legierungen.

Die Untersuchung von Edelmetallegierungen mit silber- oder platinähnlicher Strichfarbe.

Es können vorhanden sein: Von Edelmetallen Silber, Palladium und Platin, ferner die Legierungen dieser Metalle untereinander, mit Gold und unedlen Metallen, insbesonders Weißgold-, Platinsilber-, Silberkupfer-, Platin- und Palladiumlegierungen, sowie Legierungen aus unedlen Metallen.

Zur Erkennung und Charakterisierung der Edelmetalle ist besonders das Verhalten der Striche der Legierungen zu konzentrierter Salpetersäure und zur Probiersäure für 18 karätiges Gold wichtig; man erzeuge daher mit dem zu prüfenden Material einen langen Strich am Stein und beobachte vorerst die Einwirkung dieser zwei Probiersäuren.

Die Behandlung des Striches einer weißen oder grauen Legierung mit konzentrierter Salpetersäure.

Es können hierbei mehrere Fälle eintreten.

a) **Der Strich der Legierung löst sich in kurzer Zeit vollständig ohne Rückstand auf, ohne daß sich die Säure am Strich hierbei gelb färbt:**

Es kann sich nur um Silberlegierungen oder um Legierungen aus unedlen Metallen handeln.

Entsteht durch Zusatz einiger Tropfen der Probiersäure für 18 karätiges Gold zur Auflösung des Striches in der Salpetersäure oder durch Behandlung einer anderen Stelle des Striches mit dieser Probiersäure ein weißer oder bläulichweißer Niederschlag, so ist Silber vorhanden. Bildet. sich kein Niederschlag, so ist kein Silber anwesend, wenigstens nicht in nachweisbarer Menge, und die untersuchte Legierung kann als unecht bezeichnet werden.

In sehr vielen Fällen gibt sich die etwaige Gegenwart von Silber auch als roter Niederschlag zu erkennen, wenn man den Strich mit der roten Silberprobiersäure behandelt, sofern diese den Strich der Legierung überhaupt stark angreift. Löst diese Probiersäure den Strich jedoch vollständig auf, statt einen roten Niederschlag zu erzeugen, so ist dies ebenfalls ein Beweis, daß es sich um eine unechte Legierung handelt.

Will man beim Vorhandensein von Silber noch auf die eventuelle Gegenwart einer Platinsilberlegierung prüfen, so mache man mit einer Silberprobiernadel von 800 oder 900 Tausendteilen Silbergehalt einen Strich neben dem Striche der Legierung und benetze beide Striche mit der roten Silberprobiersäure. Greift diese den Strich der Legierung merklich später an als den Strich der Nadel, tritt die Bildung des roten Niederschlages später auf als am Strich der Nadel, so liegt eine Platinsilberlegierung vor, und zwar mit weniger als ungefähr 200 Tausendteilen Platin.

Wird der Strich der Legierung von der roten Silberprobiersäure nicht angegriffen, bildet sich kein roter Niederschlag, obwohl die Probiersäure für 18 karätiges Gold durch die Erzeugung eines dichten weißen Niederschlages die Anwesenheit von erheblichen Mengen Silber anzeigte, so handelt es sich ebenfalls um eine Platinsilberlegierung, aber diesmal um eine Legierung mit mehr als ungefähr 200 Tausendteilen Platingehalt. Da Platinsilberlegierungen mit mehr als 400 Tausendteilen Platingehalt nicht hergestellt werden, liegt der Platinfeingehalt einer solchen Legierung zwischen ungefähr 200 und 400 Tausendteilen (vgl. Abschnitt Platinsilberlegierungen S. 57).

b) Der Strich der Legierung wird von der konzentrierten Salpetersäure unter deutlicher intensiver Gelbfärbung mehr oder weniger stark angegriffen, wobei der Strich entweder nach längerer Einwirkung aufgelöst wird oder auch ungelöst bleibt.

Die Gelbfärbung der Salpetersäure zeigt die Anwesenheit von Palladium an; es kann sich um Reinpalladium oder um eine Legierung mit erheblichen Mengen Palladium handeln.

Durch Einwirkung der Platinprobiersäure auf eine frische Stelle des Striches kann man das Vorhandensein von Palladium auch durch Bildung eines roten oder gelbroten Niederschlages nachweisen.

c) Der Strich der Legierung wird durch den Angriff der konzentrierten Salpetersäure rot bis dunkelrot gefärbt, es entsteht jedoch kein Niederschlag am Strich, es tritt auch keine Auflösung des Striches ein, sondern es bleibt nach dem Absaugen der Säure der rot bis dunkelrot gefärbte Strich zurück.

Die Legierung ist eine Weißgoldlegierung mit weniger als ungefähr 500 Tausendteilen Goldgehalt; je dunkler die rote Färbung ist, desto niedriger ist der Goldgehalt.

Weißgoldlegierungen unter 8 Karat (333 Tausendteile) werden nicht erzeugt, daher bewegt sich der Goldgehalt solcher Legierungen zwischen 333 und ungefähr 500 Tausendteilen.

d) Der Strich der Legierung wird von der konzentrierten Salpetersäure unter deutlicher Braun- bis Braunrotfärbung angegriffen, es hinterbleibt nach der Entfernung der Säure ein gleich gefärbter Rückstand.

Es handelt sich um eine Goldlegierung mit weniger als ungefähr 500 Tausendteilen Gold und großem Gehalt an Silber oder unedlen Weißmetallen.

Entsteht mit der Probiersäure für 18karätiges Gold je nach dem Goldgehalt der Legierung entweder auf einer anderen Stelle des Striches oder in der Lösung des Striches in konzentrierter Salpetersäure ein starker weißer oder bläulichweißer Niederschlag, so ist Silber in bedeutender Menge vorhanden, und es liegt eine durch großen Silbergehalt weiß oder grau gefärbte Goldlegierung vor, mit eventuellen geringeren Mengen unedler Metalle, sogenanntes Göldisch-Material.

e) Der Strich der Legierung wird von der konzentrierten Salpetersäure nicht angegriffen, in keiner Weise verändert.

Es können folgende Metalle und Legierungen vorliegen: Platin und hochprozentige Platinlegierungen und Weißgoldlegierungen mit über ungefähr 500 Tausendteilen liegenden Goldgehalten, eventuell in seltenen Fällen auch unechte Legierungen.

Die Striche von Weißgoldlegierungen werden an ihrem Verhalten zur Probiersäure für 18karätiges Gold erkannt (siehe S. 42), eventuell durch die Unterscheidungssäure von Platin unterschieden; jene von Platin und hochprozentigen Platinlegierungen bleiben bei der Behandlung mit dieser Säure unverändert und werden von der Platinprobiersäure in ähnlicher Weise und Stärke angegriffen wie Striche von Platinprobiernadeln.

Bezüglich der eventuellen Gegenwart von grauen Legierungen
aus unedlen Metallen vgl. die Anmerkung auf S. 79.

Sehr wichtig ist das Verhalten der Striche von unbekannten
Legierungen zur Probiersäure für 18karätiges Gold, welche die
durch die Anwendung von konzentrierter Salpetersäure erhaltenen
Ergebnisse teils ergänzt und teils bestätigt.

**Die Behandlung des Striches einer weißen oder grauen Legierung
mit der Probiersäure für 18 karätiges Gold.**

Hierbei können ebenfalls verschiedene Fälle eintreten.

a) Der Strich der Legierung löst sich vollständig in
dieser Probiersäure auf, ohne einen Rückstand zu hinterlassen
und ohne die farblose Säure deutlich gelb zu färben.

Es kann sich nur um ein unedles Metall oder eine nur aus
unedlen Metallen bestehende Legierung handeln.

b) Der Strich der Legierung wird von der Probiersäure für 18karätiges Gold unter Bildung eines dichten weißen oder bläulichweißen Niederschlages angegriffen.

Es kann nur Silber oder eine Legierung des Silbers vorliegen, und zwar entweder mit unedlen Metallen (z. B. Kupfer),
mit Platin (höchstens bis zu ungefähr 400 Tausendteilen Platin)
oder mit Gold und unedlen Metallen, wobei der Goldgehalt stets
weniger als ungefähr 500 Tausendteile beträgt (Göldisch-Material).

Eine Platinsilberlegierung kann nach den Angaben auf S. 57
ermittelt werden, ein Goldgehalt ergibt sich durch Behandlung
des Striches mit konzentrierter Salpetersäure, wobei der Strich
durch den Angriff derselben braun bis rotbraun gefärbt wird
und ein ebenso gefärbter Rückstand nach dem Absaugen der
Säure hinterbleibt.

c) Der Strich der Legierung wird von der Probiersäure für 18karätiges Gold unter grünlicher oder
gelblichgrüner Färbung derselben mehr oder weniger
stark angegriffen, ohne daß eine Auflösung des Striches erfolgt; der Strich ist nach Absaugung der Säure nur schwärzlich geätzt.

Die Legierung ist eine Weißgoldlegierung mit einem meist (aber nicht immer!) über ungefähr 670 Tausendteile betragenden Goldgehalt oder in seltenen Fällen eine unechte Legierung.

In zweifelhaften Fällen kann, wenn die Platinprobiersäure am Strich keinen roten oder gelbroten Niederschlag erzeugt, also kein Palladium vorhanden ist, der Nachweis des Goldes mit der Rhodansalzlösung als gelber, später weiß werdender Niederschlag erfolgen (siehe S. 44).

d) Der Strich der Legierung wird von der Probiersäure für 18karätiges Gold sofort dunkelrot gefärbt, es tritt keine Auflösung des Striches ein, nach dem Entfernen der Säure verbleibt ein dunkler Rückstand.

Es handelt sich um eine Weißgoldlegierung mit weniger als ungefähr 670 Tausendteilen Gold.

Die Rotfärbung wird deutlicher und heller mit der Probiersäure für 14karätiges Gold erhalten, welche den Strich bedeutend langsamer angreift. Wird der Strich von konzentrierter Salpetersäure ebenfalls unter Rotfärbung angegriffen, so liegt der Goldgehalt

Tabelle 1. Grauweiße Striche von Legierungen,

Eintretende Erscheinung:	Vollständige Auflösung des Striches, ohne Rückstand, ohne Gelbfärbung der Säure.	Angriff oder Auflösung des Striches mit Gelbfärbung der Säure.
In Betracht kommende Metalle oder Legierungen:	Silberlegierungen, Platinsilberlegierungen (oft mit undeutlichen geringen Rückständen), unechte Legierungen.	Palladium, Legierungen mit erheblichen Palladiumgehalten.
Weitere Behandlung:	Nachweis des Silbers mit Probiersäure für 18-kar. Gold oder mit der roten Silberprobiersäure als weißer oder roter Niederschlag; ist kein Silber vorhanden, so ist die Legierung unecht. Eventuell Prüfung auf Platinsilber nach Seite 57.	Eventuell weiterer Nachweis des Palladiums mit der Platinprobiersäure als roter oder gelbroter Niederschlag.

der Legierung zwischen ungefähr 330 und 500 Tausendteilen (siehe S. 70).

e) Der Strich der Legierung wird unter deutlicher intensiver Gelbfärbung von der Probiersäure für 18karätiges Gold mehr oder weniger stark angegriffen, wobei der Strich entweder auch nach längerer Einwirkung der Säure ungelöst zurückbleiben kann oder aufgelöst wird.

Die Gelbfärbung der Säure zeigt die Gegenwart von Palladium an und geht bei größeren Mengen desselben in dunkelgelb bis gelbbraun über; es handelt sich also um Palladium oder eine palladiumhaltige Legierung.

Das Palladium kann eventuell noch mit der Platinprobiersäure als roter oder gelbroter Niederschlag nachgewiesen werden.

f) Der Strich der Legierung wird von der Probiersäure für 18karätiges Gold unter Ausscheidung eines dichten, deutlich gelbgefärbten Niederschlages angegriffen.

Es liegt eine Legierung vor, welche sowohl Palladium als auch Silber in erheblichen Mengen enthält.

mit konzentrierter Salpetersäure behandelt.

Der Strich wird rot bis dunkelrot gefärbt, es tritt keine Auflösung desselben ein.	Angriff des Striches mit Braunfärbung, Hinterlassung eines Rückstandes.	Kein Angriff, der Strich bleibt unverändert.
Weißgoldlegierungen mit unter ungefähr 500 Tausendteilen liegenden Goldgehalten (meistens zwischen ungefähr 330 und 500 Tausendteilen).	Goldlegierungen mit weniger als ungefähr 500 Tausendteilen Gold und großem Gehalt an unechten Weißmetallen, oder bei großem Silbergehalt sogenanntes Göldischmaterial.	Platin, hochprozentige Platinlegierungen, Weißgoldlegierungen mit über ungefähr 500 Tausendteile betragenden Goldgehalten, eventuell unechte Legierungen. (S. Anmerkung S. 79.)
	Nachweis von Silber mit der Probiersäure für 18-kar. Gold als weißer Niederschlag direkt am Strich oder in der Lösung mit konzentrierter Salpetersäure.	Die Unterscheidungssäure greift die Striche aller Weißgoldlegierungen stark an oder löst sie auf, jene von Platin und hochprozentigen Platinlegierungen bleiben unverändert.

Tabelle 2. Grauweiße Striche von Legierungen,

Eintretende Erscheinung:	Vollständige Auflösung des Striches, ohne Rückstand, ohne Gelbfärbung der Säure.	Angriff des Striches mit Bildung eines dichten weißen bis bläulichweißen Niederschlages.	Angriff des Striches mit grünlicher oder gelblichgrüner Färbung der Säure, keine Auflösung des Striches.	Angriff des Striches mit sofortiger dunkelroter Färbung, es verbleibt ein dunkler Rückstand.
In Betracht kommende Legierungen:	Unedle Metalle, Legierungen aus unedlen Metallen.	Silber, Silberlegierungen mit unedlen Metallen, Platinsilberlegierungen, Silbergoldlegierungen mit weniger als ungefähr 500 Tausendteilen Gold und eventuell auch unedlen Metallen (Göldischmaterial).	Weißgoldlegierungen, meistens mit über ungefähr 670 Tausendteilen betragenden Goldgehalten, eventuell in seltenen Fällen unechte Legierungen (s. Anmerkung S. 79).	Weißgoldlegierungen mit unter ungefähr 670 Tausendteilen liegenden Goldgehalten.
Weitere Behandlung:		Nachweis von Platinsilberlegierungen nach Seite 57, Ermittlung eines Goldgehaltes mit konzentrierter Salpetersäure durch Braunfärbung des Striches und Hinterlassung eines braunen Rückstandes am Stein.	In zweifelhaften Fällen kann, wenn kein Palladium anwesend ist, die Platinprobiersäure keinen roten oder gelbroten Niederschlag gibt, der Nachweis des Goldes mit Rhodansalzlösung als gelber, später weißer Niederschlag erfolgen.	Eventuell langsame Erzeugung der Färbung mit deutlicher heller roter Farbe durch die Probiersäure für 14 kar. Gold. Greift konzentrierte Salpetersäure den Strich ebenfalls unter Rotfärbung an, so liegt der Goldgehalt zwischen ungefähr 330 und 500 Tausendteilen.

g) Der Strich der Legierung wird durch die Probiersäure für 18karätiges Gold zuerst braunrot gefärbt, nach kurzer Zeit scheidet sich ein dichter weißer oder bläulichweißer Niederschlag aus. Es handelt sich um eine mit Probiersäure für 18karätiges Gold behandelt.

Angriff des Striches mit deutlicher Gelbfärbung der Säure.	Angriff des Striches mit Bildung eines dichten gelben Niederschlages.	Zuerst Angriff des Striches unter Braunfärbung desselben, dann Bildung eines dichten weißen Niederschlages.	Angriff des Striches unter Braunfärbung, ohne weitere Veränderung.	Kein Angriff, der Strich bleibt unverändert.
Palladium, palladiumhaltige Legierungen.	Legierungen mit erheblichen Mengen von Palladium und Silber.	Goldlegierungen mit weniger als ungefähr 500 Tausendteilen Gold, mit großen Mengen Silber, eventuell auch kleinere Mengen unedler Metalle (Göldischmaterial).	Goldlegierungen mit weniger als ungefähr 500 Tausendteilen Gold, mit großen Mengen unedler Weißmetalle, z. B. Zink.	Platin, hochprozentige Platinlegierungen, Weißgoldlegierungen mit hohen Goldgehalten und Zusätzen von Platinmetallen, event. unechte Legierungen. (S. Anm. S. 79.)
Eventueller Nachweis des Palladiums mit der Platinprobiersäure als roter oder gelbroter Niederschlag.				Erkennung der Weißgoldlegierungen durch Auflösung des Striches oder starken Angriff mit der Unterscheidungssäure, Striche von Platin und hochprozentigen Platinlegierungen bleiben unverändert.

Goldlegierung mit weniger als ungefähr 500 Tausendteilen Gold, mit großen Mengen Silber, eventuell auch kleineren Mengen unedler Metalle (wie Kupfer, Zink usw.), sogenanntes Göldisch-Material.

h) Der Strich der Legierung wird durch die Probiersäure für 18karätiges Gold braunrot gefärbt, ohne
Abscheidung eines weißen Niederschlages.

Die Legierung ist eine Goldlegierung mit weniger als ungefähr 500 Tausendteilen Gold, silberfrei, mit großen Mengen
von grauen unedlen Metallen (Weißmetallen, z. B. Zink).

i) Der Strich der Legierung wird von der Probiersäure für 18karätiges Gold in der gewöhnlichen Einwirkungszeit überhaupt nicht mehr angegriffen.

Es kann Platin oder eine Platinlegierung mit mehr als ungefähr
800 Tausendteilen Platin vorliegen oder eine Weißgoldlegierung
mit hohem Goldgehalt und Zusätzen von Platinmetallen.

Die Weißgoldlegierungen werden durch Behandlung des
Striches mit der Unterscheidungssäure erkannt, welche die Striche
aller Weißgoldlegierungen meistens in kurzer Zeit entweder auflöst oder wenigstens stark angreift; die Striche von Platin und
hochprozentigen Platinlegierungen bleiben unverändert.

Bezüglich der eventuellen Gegenwart von unechten grauen
säurefesten Legierungen vgl. die Anmerkung S. 79.

Die Ergebnisse der Behandlung der Striche von grauen oder
weißen Legierungen mit konzentrierter Salpetersäure und der
Probiersäure für 18karätiges Gold sind in Form einer tabella-
rischen Übersicht auf Seite 72—75 zusammengestellt.

Die Behandlung des grauen Striches einer unbekannten Legierung mit
der roten Silberprobiersäure allein ergibt hauptsächlich die Erkennung
von unechten Legierungen durch Auflösung der Striche derselben. Zum
Nachweise des Silbers durch Bildung eines roten Niederschlages ist diese
Probiersäure nur bei Legierungen des Silbers mit unedlen Metallen oder
kleineren Mengen von Gold oder Platin geeignet, da sie die anderen Edelmetalle außer Silber und viele Edelmetallegierungen mit grauer Strichfarbe nicht angreift, daher auch keine Erkennung derselben herbeiführen
kann.

Sie bewirkt noch bei Weißgoldlegierungen mit Goldgehalten unter
ungefähr 650 Tausendteilen eine rote Färbung, welche in Ammoniak unlöslich ist und mit den Probiersäuren für 14- und 18karätiges Gold,
bei Goldgehalten unter 500 Tausendteilen auch mit konzentrierter Salpetersäure, eventuell der Probiersäure für 8karätiges Gold ebenfalls erhalten wird.

Die Untersuchung von Edelmetallegierungen mit farbigen Strichen.

Zu den farbigen Legierungen gehören die meisten Legierungen des Goldes mit edlen und unedlen Metallen, mit Ausnahme der Weißgoldlegierungen, darunter hauptsächlich die Legierungen mit Silber und Kupfer, also die Goldsilber-, Goldkupfer- und Goldsilberkupferlegierungen, sowie Silberkupferlegierungen mit niedrigen Silbergehalten, ferner sämtliche Legierungen aus unedlen Metallen, welche den farbigen Goldlegierungen im Aussehen ähnlich sind.

In allen diesen Legierungen können Platin und Palladium nicht in größeren Mengen vorhanden sein, da dieselben sonst infolge der großen Entfärbungskraft der zwei Edelmetalle grau gefärbt wären. Der eventuelle Nachweis dieser geringen, stets unter 10% betragenden Mengen von Platin und Palladium kommt in der Praxis nicht in Betracht, ist überdies in vielen Fällen mit der Strichprobe am Probierstein nicht möglich und wird daher hier nicht berücksichtigt. Desgleichen bleiben auch jene in den farbigen Legierungen eventuell enthaltenen Mengen von Silber unberücksichtigt, welche nicht einen erheblichen Bestandteil derselben bilden.

Für die Untersuchung der farbigen Legierungen ist ebenfalls wie bei den grauweißen Legierungen die Behandlung der Striche derselben mit konzentrierter Salpetersäure und Probiersäure für 18karätiges Gold wichtig und ausschlaggebend.

Die Behandlung des Striches einer farbigen Legierung mit konzentrierter Salpetersäure.

Es können hierbei mehrere Fälle eintreten:

a) Der Strich der Legierung wird vollständig aufgelöst ohne Hinterlassung eines Rückstandes nach dem Absaugen der Säure.

Es können unechte, nur aus unedlen Metallen bestehende Legierungen vorliegen, oder Legierungen mit unter ungefähr 500 Tausendteilen betragenden Silbergehalten (Silberkupferlegierungen).

Ergibt die Behandlung des Striches mit der Probiersäure für 18karätiges Gold oder mit der roten Silberprobiersäure ebenfalls die Auflösung des Striches, so ist die Legierung unecht; bildet sich hierbei ein weißer bzw. roter Niederschlag, so handelt es sich um eine Silberkupferlegierung mit niedrigem Silbergehalt, mit rötlichem bis rotem Strich.

b) **Der Strich der Legierung wird von konzentrierter Salpetersäure unter Braunfärbung angegriffen, nach dem Entfernen der Säure vom Stein bleibt ein brauner Rückstand zurück.**

Die untersuchte Legierung ist eine Goldlegierung mit einem unter ungefähr 500 Tausendteilen liegenden Goldgehalte; je schneller und stärker der Strich von der konzentrierten Salpetersäure angegriffen und zersetzt wird, je dunkler der Rückstand ist, desto geringer ist der Goldgehalt. Beträgt derselbe weniger als ungefähr 300 Tausendteile, so ist der Rückstand locker und wird leicht beim Absaugen der Säure verwischt; bei diesen niedrigen Feingehalten empfiehlt sich zur deutlichen Erkennung der Rückstände die Behandlung der Striche mit der langsam wirkenden Probiersäure für 8 karätiges Gold.

Ein eventuell erheblicher Gehalt der Legierung an Silber kann mit der Probiersäure für 18 karätiges Gold erkannt werden.

c) **Der Strich der Legierung wird von konzentrierter Salpetersäure nicht angegriffen.**

Die betreffende Legierung ist eine Goldlegierung mit mehr als ungefähr 500 Tausendteilen Goldgehalt. Man bringt nun auf eine weitere Stelle des Striches Probiersäure für 18 karätiges Gold; bei Legierungen mit Goldgehalten bis zu ungefähr 700 Tausendteilen wird der Strich sofort deutlich unter Braunfärbung angegriffen, bei Goldgehalten von etwa 700—850 Tausendteilen wird der Strich ohne Farbenänderung nur mehr oder weniger stark angegriffen, und bei noch höheren Goldgehalten erfolgt auch mit dieser Probiersäure keine deutliche Einwirkung auf den Strich mehr.

Die Striche unechter Legierungen mit dem Aussehen von farbigen Edelmetallegierungen werden von der Probiersäure für 18 karätiges Gold in analoger Weise wie von konzentrierter Salpetersäure ohne Hinterlassung eines Rückstandes gelöst.

Das Verhalten der Striche von farbigen Legierungen zu konzentrierter Salpetersäure mit ergänzender Behandlung durch die Probiersäure für 18 karätiges Gold ist ebenfalls als tabellarische Übersicht zusammengestellt wiedergegeben.

Tabelle 3. Farbige Striche von Legierungen, mit konz.
Salpetersäure behandelt.

Eintretende Erscheinung:	Vollständige Auflösung des Striches, ohne Rückstand.	Braunfärbung des Striches, Hinterlassung eines braunen Rückstandes.	Kein Angriff, der Strich bleibt unverändert.
In Betracht kommende Metalle oder Legierungen	Unechte Legierungen, Legierungen mit unter ungefähr 500 Tausendteilen liegenden Silbergehalten (Silberkupferlegierungen).	Goldlegierungen mit weniger als ungefähr 500 Tausendteilen Gold, eventuell erheblicher Gehalt an Silber.	Goldlegierungen mit mehr als ungefähr 500 Tausendteilen Goldgehalt.
Weitere Behandlung:	Nachweis des Silbers durch Zusatz von Probiersäure für 18-kar. Gold zur Lösung des Striches in konz. Salpetersäure oder direkt am Strich, oder mit der roten Silberprobiersäure, als weißer oder roter Niederschlag; ist kein Silber vorhanden, so erfolgt Auflösung des Striches hierbei, und die Legierung ist unecht.	Allenfalls deutliche Sichtbarmachung des Rückstandes durch Angriff des Striches mit der Probiersäure für 8-kar. Gold; Nachweis eines eventuellen Silbergehaltes mit Probiersäure für 18-kar. Gold als weißer Niederschlag.	Eventuelle beiläufige Ermittlung des Goldgehaltes mit Probiersäure für 18-kar. Gold, ob über oder unter ungefähr 700 Tausendteilen liegend.

Anmerkung.

Die weißen Striche von Aluminium und hochprozentigen Aluminiumlegierungen werden von konzentrierter Salpetersäure und Probiersäure für 18 karätiges Gold nur schwach angegriffen und auch nach längerer Einwirkung nicht aufgelöst; die rote Silberprobiersäure ist ebenfalls ohne Wirkung. Dieses Metall und seine Legierungen können aber infolge der lichten abweichenden Farben ihrer Striche und des sehr geringen spezifischen Gewichtes mit Edelmetallegierungen wohl nicht verwechselt werden.

Manche Laboratoriumsgeräte, z. B. Elektroden und maschinentechnische Artikel, wie Kontakte oder Halbfabrikate, wie Bänder, Drähte, Bleche usw. für besondere Apparaturen, welche früher aus Platin erzeugt wurden, werden seit einiger Zeit aus unechten grauen Ersatzlegierungen hergestellt, welche bei oberflächlicher Prüfung auch für Platin oder hochprozentige Platinlegierungen gehalten werden können, wie dies bereits mehrfach der Fall war.

Diese Legierungen sind mitunter schwerer schmelzbar als Platin und von sehr großer Widerstandsfähigkeit gegen Säuren; sie werden häufig sogar von kochendem Königswasser nicht angegriffen und halten daher das oft bei der Untersuchung von Platingeräten übliche Auskochen mit verdünnter Salzsäure und das nach dem Auswaschen mit Wasser folgende ·Auskochen mit verdünnter Salpetersäure, wie Platin aus, ohne irgendwie verändert zu werden.

Es handelt sich hierbei meistens um die unedlen Metalle Tantal und Wolfram und ihre Legierungen mit anderen unedlen Metallen, z. B. Tantalnickellegierungen. Beide Metalle sind grau und besitzen außergewöhnlich hohe spezifische Gewichte, welche sich jenen des Goldes und Platins nähern, nämlich Tantal 16,5, Wolfram 19,1. Das Wolfram wurde bereits vor längerer Zeit zur Verfälschung von Platin benützt. Tantal und Wolfram sind bedeutend schwerer schmelzbar als Platin, ihre Schmelzpunkte liegen bei 3000° C.

Die Unterscheidung dieser Metalle und ihrer Legierungen von Platin und hochprozentigen Platinlegierungen ist auf mehrfache Art und Weise möglich. Die beiden Metalle und ihre Legierungen sind so hart, daß man mit denselben meist keinen regelrechten Strich am Probierstein erzeugen kann, der Stein würde nur geritzt werden; sie sind häufig so spröde, daß man hauptsächlich nur solche Gegenstände aus denselben verfertigt, welche durch Stanzen, Schneiden usw. hergestellt werden können.

Ferner werden die bei manchen Legierungen doch erzielten Striche am Stein von der Platinprobiersäure und der kochenden Unterscheidungssäure nicht oder in anderer Weise angegriffen wie die Striche von Platin, verhalten sich bei der Strichprobe auffallend verschieden von Platin und den meisten seiner Legierungen.

Kann das zu untersuchende Material geglüht werden, so ergibt sich folgender Unterschied:

Beim Tantal treten bereits oberhalb ungefähr 400° C grünlich bis violett schimmernde Anlauffarben auf, beim Wolfram tritt über ungefähr 700° C Dunkelfärbung ein; letzteres ist beim Glühen von Legierungen dieser Metalle mit anderen unedlen Metallen noch in erhöhtem Maße der Fall. Platin verändert bekanntlich auch bei starkem Glühen seine Farbe nicht.

Wolfram ist überdies schwach magnetisch, und in den Legierungen eventuell enthaltenes Nickel bewirkt ebenfalls Magnetismus derselben. Die grauen Farben dieser Legierungen weichen häufig mehr oder weniger stark von der rein grauen Farbe des Platins ab.

Bei aufmerksamer Prüfung und Beurteilung ist eine Verwechslung dieser Metalle und Legierungen mit Platin und hochprozentigen Platinlegierungen ausgeschlossen. Eine nähere Charakterisierung derselben ist am Probierstein nicht möglich; desgleichen kann die Erkennung mancher Edelmetallegierungen, z. B. von Platinlegierungen mit größeren Gehalten an Iridium oder Rhodium, deren Striche von keiner am Stein anwendbaren Probiersäure, auch von der kochenden Unterscheidungssäure nicht mehr angegriffen werden, ebenfalls nur auf chemisch-analytischem Wege erfolgen.

Die Erkennung von Edelmetallüberzügen (Plattierungen, Doublierungen, galvanische Überzüge usw.).

Der Nachweis, aus welchem Metall oder welcher Legierung ein Überzug besteht, läßt sich am Probierstein nur dann durchführen, wenn derselbe hinreichend stark genug ist, um durch ganz leichtes Abreiben einer größeren Fläche des Überzuges am Stein einen schwachen Strich zu erhalten, ohne das Grundmetall mitzustreichen. Diesen Strich untersucht man mit den Probiersäuren auf die früher angegebene Weise.

Sehr dünne hauchartige Überzüge, welche die Erzeugung eines derartigen Striches nicht gestatten, müssen auf andere Art und Weise (meistens auf chemischem Wege) untersucht werden.

Die in neuerer Zeit öfters vorkommenden Verchromungen von Silberwaren lassen sich durch die Hilfsmittel der Strichprobe nicht erkennen, da der Chromüberzug in allen Probiersäuren vollständig unlöslich ist. Man kann aus der Farbe, der Säurebeständigkeit und sehr großen Härte des nicht streichbaren Überzuges nur den Schluß ziehen, daß möglicherweise oder wahrscheinlich eine Verchromung vorliegt.

Nicht oder unvollständig entfernte metallische Überzüge auf Legierungen können zweifelhafte, undeutliche oder auch falsche Ergebnisse bei der Untersuchung von Gegenständen verursachen.

Sachverzeichnis.

Edelmetall-Probierkunde nebst einigen Unedelmetallbestimmungen. Von Dipl.-Ing. **F. Michel,** Direktor der Staatl. Probieranstalt in Pforzheim. Z w e i t e, verbesserte und erweiterte Auflage. IV, 67 Seiten. 1927. RM 3.50

Die Edelmetalle. Eine Übersicht über ihre Gewinnung, Rückgewinnung und Scheidung. Von Hütteningenieur **Wilhelm Laatsch.** Mit 53 Textabbildungen und 10 Tafeln. VI, 91 Seiten. 1925.
RM 6.— ; gebunden RM 7.50

Tabelle spezifischer Gewichte der gebräuchlichsten Gold-Silber-Kupfer-Legierungen, Silber-Kupfer-Legierungen und Weißgoldlegierungen. Durch Untersuchung festgestellt von Dipl.-Ing. **F. Michel,** Direktor der Staatl. Probieranstalt in Pforzheim. Z w e i t e, erweiterte Auflage. 10 Seiten. 1927. RM 3.—

Die elektrolytischen Metallniederschläge. Lehrbuch der Galvanotechnik mit Berücksichtigung der Behandlung der Metalle vor und nach dem Elektroplattieren. Von Direktor Dr. **W. Pfanhauser.** S i e b e n t e Auflage. Mit 383 in den Text gedruckten Abbildungen. XIV, 912 Seiten. 1928. Gebunden RM 40.—

Metallniederschläge und Metallfärbungen. Praktische Anleitung für Galvaniseure und Metallfärber der Schmuckwaren- und sonstiger Metall verarbeitenden Industrien. Von Dipl.-Ing. **F. Michel,** Direktor der Staatl. Probieranstalt in Pforzheim. Mit 13 Abbildungen. VIII, 179 Seiten. 1927. RM 6.90

Metallfärbung. Die wichtigsten Verfahren zur Oberflächenfärbung von Metallgegenständen. Von Ingenieur-Chemiker **Hugo Krause,** Iserlohn. IV, 206 Seiten. 1922. Gebunden RM 7.50

Metallurgische Berechnungen. Praktische Anwendung thermochemischer Rechenweise für Zwecke der Feuerungskunde, der Metallurgie des Eisens und anderer Metalle. Von Professor **Jos. W. Richards,** Lehigh-Universität, South-Bethlehem, Pa. Autorisierte Übersetzung nach der z w e i t e n Auflage von Professor Dr. **B. Neumann,** Darmstadt, und Dr.-Ing. **P. Brodal,** Christiania. XV, 599 Seiten. 1913. Unveränderter Neudruck 1925. Gebunden RM 24.—

Lehrbuch der Metallkunde des Eisens und der Nichteisenmetalle. Von Dr. phil. **Franz Sauerwald,** a. o. Professor an der Technischen Hochschule Breslau. Mit 399 Textabbildungen. XVI, 462 Seiten. 1929. Gebunden RM 29.—

Grundlagen des Verzinkens. Feuerverzinken, galvanisches Verzinken, Sherardisieren, Spritzverzinken. Von Dr.-Ing. **H. Bablik.** Mit 226 Textabbild. VII, 255 Seiten. 1930. RM 28.—; gebunden RM 29.50

Metallographie der technischen Kupferlegierungen. Von Dipl.-Ing. **A. Schimmel,** Finow bei Eberswalde. Mit 199 Textabbildungen, 1 mehrfarbigen Tafel und 5 Diagramm-Tafeln. VI, 134 Seiten und 4 Seiten Anhang. 1930. RM 19.—; gebunden RM 20.50

Hilfsbuch für Metalltechniker. Einführung in die neuzeitliche Metall- und Legierungskunde, erprobte Arbeitsverfahren und Vorschriften für die Werkstätten der Metalltechniker, Oberflächenveredlungsarbeiten u. a. nebst wissenschaftlichen Erläuterungen. Von Chemiker **Georg Buchner.** D r i t t e , neubearbeitete und erweiterte Auflage. Mit 14 Textabbild. XIII, 397 Seiten. 1923. Gebunden RM 12.—

Moderne Metallkunde in Theorie und Praxis. Von Oberingenieur **J. Czochralski.** Mit 298 Textabbildungen. XIII, 292 Seiten. 1924. Gebunden RM 12.—

Mechanische Technologie der Metalle in Frage und Antwort. Von ord. Professor Dr.-Ing. **E. Sachsenberg,** Dresden. Mit zahlr. Abbildungen. VI, 219 Seiten. 1924. RM 6.—; gebunden RM 7.50

Lagermetalle und ihre technologische Bewertung. Ein Hand- und Hilfsbuch für den Betriebs-, Konstruktions- und Materialprüfungs-Ingenieur. Von Oberingenieur **J. Czochralski** und Dr.-Ing. **G. Welter.** Z w e i t e , verbesserte Auflage. Mit 135 Textabbildungen. VI, 117 Seiten. 1924. Gebunden RM 4.50

Physikalische Chemie der metallurgischen Reaktionen. Ein Leitfaden der theoretischen Hüttenkunde. Von Dr. phil. **Franz Sauerwald,** a. o. Professor an der Technischen Hochschule Breslau. Mit 76 Textabbildungen. X, 142 Seiten. 1930. RM 13.50; gebunden RM 15.—

Berichte aus dem Institut für Mechanische Technologie und Materialkunde der Technischen Hochschule zu Berlin. Herausgegeben von Professor Dr.-Ing. **P. Riebensahm.**

E r s t e s Heft: Die Bestimmung der Dauerfestigkeit der knetbaren, veredelbaren Leichtmetallegierungen. Von Dr.-Ing. **Richard Wagner.** Mit 56 Textabbildungen. IV, 64 Seiten. 1928. RM 6.—

Z w e i t e s Heft: Über die Anlaßvorgänge in abgeschreckten Chrom- und Manganstählen. Von Dr.-Ing. **Hans Goerisch.** Mit 27 Textabbildungen. IV, 36 Seiten. 1928. RM 3.60